STUDIOS
TALMA

Autres titres liés à l'environnement :

– *L'Arme climatique - La manipulation du climat par les militaires*, Patrick Pasin ;

– *L'Arme environnementale - Opérations et programmes secrets des militaires*, Patrick Pasin

– *La Planète Terre, ultime arme de guerre* (tomes 1 et 2), Dr Rosalie Bertell.

Titre original : *New Water For a Thirsty World*
ISBN : 978-1-913191-56-6
Dépôt égal : 1er trimestre 2025

Despite our efforts, we could not find information on Dr. Michael Salzman's heirs. Please, contact us about this edition in French.

Talma Studios International
Clifton House, Fitzwilliam St Lower
Dublin 2 – Ireland
www.talmastudios.com
info@talmastudios.com

Michael H. Salzman

DE L'EAU PRIMAIRE EN ABONDANCE
POUR L'HUMANITÉ

Traduit de l'anglais par Laure Pouilloux
et révisé par Marianna de Falco

STUDIOS
TALMA

Il est bien étrange de ne pas voir que toute observation se doit d'être pour ou contre un certain point de vue, afin qu'elle soit d'une quelconque utilité.
Charles Darwin

Stephan Riess with 1,900 gallon-a-minute well he drilled above bone-dry Simi Valley, California.   Courtesy of The Riess Institute

À Stephan Riess,

Pour avoir fait preuve de profonde conviction envers la démocratie, l'initiative personnelle, la libre entreprise et la nécessité d'être ouvert d'esprit afin que tous les hommes soient réellement libres de penser et de résoudre les grands problèmes de leur temps.

Remerciements

L'auteur recueillit les informations présentées dans cet ouvrage auprès d'un grand nombre de disciplines différentes. Pour sa première introduction à la géologie, il y a de nombreuses années, il tient à remercier le Dr Ray S. Bassler. Pour avoir ouvert ses yeux et son esprit aux manifestations les plus complexes de l'intérieur de la Terre,[1] il est à jamais redevable à Stephan Riess. Pour le grand intérêt et les encouragements qui lui ont été prodigués dans cette entreprise, il remercie le Dr Ralph Arnold, James G. Scott, le Dr Charles H. Tilden, Herbert Kern, Mme Gary I. Salzman et le Dr Solomon Levy. Il est reconnaissant envers son épouse Helen et leurs deux fils, Gil et Steve, pour leur chaleureuse coopération.

Le 1er mars 1960
À Long Beach 15, Californie

---

1. NdÉ : pour rappel, la Terre prend un T mjuscule lorsqu'il s'agit de la planète, et un t minuscule dans le cas contraire, c'est pourquoi il peut y avoir les deux orthographes dans un même paragraphe.

Note de l'éditeur

C'est grâce à l'excellent dossier de Marielsa Sallsilli publié dans *Nexus* n° 142 de septembre-octobre 2022 sous le titre *L'eau-mère, un dossier interdit ?* que je découvris l'eau primaire. Quelle révélation ! Ainsi, les pénuries d'eau qui nous sont promises ne sont même plus des spéculations, car les milliards de mètres cubes envoyés par le cœur de la Terre n'attendent plus que nous venions les récolter. Il me parut alors d'autant plus indispensable de publier la version française de ce livre, bien qu'il ait plus de soixante-cinq ans, qu'il avait été écrit par un scientifique ayant connu Stephan Riess et suivi ses travaux.

L'édition de ce livre me permit une belle rencontre, avec Marie Aichagui,[2] dont le métier, justement, est de trouver de l'eau primaire avec des outils technologiques (rayonnement gamma et résonance acoustique). Elle me proposa de participer à une exploration dans les Pyrénées, qui s'avéra fructueuse (cf. le film sur notre chaîne www.novimondi.tv), suivie d'une autre au Portugal, dont le forage donne désormais environ 10 m^3 par heure d'une eau cristalline.

Je lui ai demandé de partager son expérience : « Il y en a partout et en abondance, de l'eau douce, pure, pour nous abreuver. Dans le désert de Jordanie, dans l'Algarve au Sud du Portugal, au Maroc, au Kenya, dans l'Arizona ou en Californie, dans le Chaco du Paraguay, en Australie… Toutes ces régions sont connues pour leur manque d'eau et, pourtant, on arrive à y localiser des sources d'eau profondes à 50, 100 ou 500 m de profondeur, en-dessous des nappes phréatiques conventionnelles. On y puise de l'eau neuve et pure au débit constant, qu'il pleuve ou pas. Quel soulagement !

Il n'y a pas de raison naturelle pour que l'humanité manque d'eau. L'eau est constamment produite dans le sous-sol, et même en surface. Il n'y a rien de révolutionnaire à le dire, il suffit de se rappeler de l'équation de réaction chimique sur laquelle se base l'industrie de l'hydrogène, qui, lorsqu'il réagit avec de l'oxygène, donne de l'eau. Ainsi, lorsque l'on brûle de l'hydrogène, on crée de l'eau. »

C'est donc un formidable message d'espoir que nous apporte ce livre et Marie et ses collègues : il y a de l'eau en abondance pour toute l'Humanité.

Patrick Pasin

---

2. Pour en savoir plus, voir son site www.eauprimaire.com.

Préface

En tant qu'enfant né dans un pays pluvieux et élevé à l'époque de la plomberie moderne, je pensais que l'eau allait de soi. Il suffisait de tourner un robinet pour que l'eau apparaisse. C'était tout. En voyageant à l'étranger, j'ai découvert que les choses n'étaient pas aussi simples que cela. Je louai une charmante villa dans les collines au-dessus de Florence. Quel paradis ! Cependant, la pompe qui aurait dû faire remonter l'eau du bain depuis un puits dans la cour était tombée en panne et, un peu plus tard, quand la pompe fut réparée, il n'y avait plus d'eau dans le puits. D'un trou sec, c'est toute une série de vastes régions sèches qui se succédèrent ensuite. Je traversai les déserts du Rajputana et de l'actuel Pakistan, je visitai la ville de Bikaner, où l'eau est tirée de puits profonds par des bœufs attelés à une corde, à l'autre extrémité de laquelle se trouve un seau en cuir. Ensuite, il y eut les déserts du sud-ouest américain, que je vis d'abord à la fin d'un cycle humide et que j'habitai ensuite pendant une sécheresse prolongée qui finit par assécher mon puits et ceux de la plupart de mes voisins. Pas de pluie, pas d'eau dans les puits ; c'est bien normal, n'est-ce pas ? Pourtant, dans certains endroits, il n'y a pas de pluie et les puits regorgent d'eau. À Nefta, dans le Sahara, à Jéricho, dans la vallée du Jourdain, j'ai vu des choses que, selon toute règle de bon sens, je n'aurais pas dû voir. Nefta se trouve dans une partie du désert où il pleut en moyenne une fois tous les trois ou quatre ans. Le reste du temps, il n'y a que du vent et du soleil. Cependant, si l'eau ne tombe pas du ciel, elle jaillit du sol, et suffisamment pour faire vivre une forêt de dattiers et une population de plusieurs milliers d'habitants dans cette oasis incroyablement fertile. Après Nefta, il y a Jéricho. Il s'agit du site de la première ville fortifiée, construite par un peuple néolithique il y a des milliers d'années. Et pendant des milliers d'années avant la construction de cette ville, des hommes vécurent sur ce qui allait devenir son site. Jéricho est, et a toujours été, un îlot de verdure dans une terre aride. Là où, en principe, il ne devrait pas y avoir d'eau, une source jaillit de la roche, et ce depuis des temps immémoriaux. Ces deux expériences m'ont appris deux choses fondamentales sur l'eau : premièrement, et c'est le plus évident, que sur de vastes étendues de terre, l'eau est rare ou inexistante ; et deuxièmement (à mon grand étonnement), qu'ici et là, l'eau fait son apparition dans des endroits où cela ne semblerait pourtant pas possible.

Telle était l'étendue de mes connaissances lorsque, quelques années plus tôt, je rencontrai Stephan Riess pour la première fois. Après avoir vu quelques-uns de ses puits faire jaillir de l'eau depuis du granite massif à raison de deux ou trois mille gallons[3] par minute, et après avoir écouté ce qu'il avait à dire sur les failles et les fissures, sur l'eau juvénile et l'eau primaire, sur l'hydrogène et l'oxygène qui s'assemblent à des températures élevées et sous d'énormes pressions dans les entrailles de la terre pour remonter, sous forme d'H_2O, vers la surface, là où la croûte est faible, je commence à comprendre le mystère de Nefta et de Jéricho. Et je commence au même moment à avoir un peu plus d'espoir quant aux perspectives de survie et de qualité de vie humaines sur cette planète en manque d'eau et bientôt surpeuplée.

Et voilà que paraît le livre de Michael Salzman. Homme à tout faire et expert dans quatre ou cinq disciplines, Salzman fait partie de ces hommes rares et indispensables qui refusent de se confiner dans un seul et unique domaine académique, mais qui, avec une curiosité inépuisable et sans bornes, passent par-dessus les cloisons des compartiments isolés des spécialistes, jetant un coup d'œil ici et là, corrélant les connaissances qu'ils tirent dans chaque spécialité pour former un schéma global qui permet une meilleure compréhension de faits artificiellement isolés et, en plus d'une meilleure compréhension, la possibilité de nouveaux modes d'action plus efficaces.

Si la théorie de Riess est bonne (et c'est en goûtant que l'on sait si c'est bon – ou plutôt, puisqu'il s'agit d'eau, en buvant), et si Salzman a correctement énoncé les raisons chimiques et géologiques pour lesquelles Riess trouve de l'eau dans des endroits où les hydrologues orthodoxes affirment qu'elle ne peut en aucun cas se trouver, alors il est clair que nous devons nous préparer à effectuer un certain nombre de changements révolutionnaires dans nos idées et dans les mesures que nous mettons en place. Si l'on peut trouver de la toute nouvelle eau primaire près de l'endroit où elle doit être utilisée, la construction

---

3. Ce qui équivaut à 7 à 11 m³ par minute.

d'énormes barrages pour retenir de l'eau ancienne et le creusement de longs canaux pour acheminer l'eau jusqu'à son lieu d'utilisation deviendront totalement inutiles.

Tout réservoir situé derrière un barrage est voué, tôt ou tard, à s'envaser. Lorsque la Californie comptera cinquante millions d'habitants et des besoins en eau cinq ou six fois supérieurs aux besoins actuels, le lac Mead sera en passe de devenir la plus grande prairie de castors du monde et le projet Feather River, après avoir ruiné l'État, deviendra un immense gisement de boue. Si Riess et Salzman ont raison, la meilleure façon de répondre aux besoins des futurs millions d'habitants de la Californie n'est pas de construire des barrages et des aqueducs excessivement coûteux, mais de forer dans les failles et les fractures pour trouver de nouvelles sources locales d'eau primaire.

Là encore, si Riess et Salzman ont raison, il sera possible de recourir à la science appliquée de la captation d'eau primaire pour apaiser les tensions politiques et soulager les difficultés chroniques du Moyen-Orient et de l'Afrique. Le grand barrage d'Assouan sera achevé à une date où la population égyptienne aura déjà dépassé le rendement des nouvelles terres que cette future prairie de castors aura rendues fertiles. Il serait beaucoup plus rapide, moins coûteux et plus efficace de commencer à forer pour trouver de l'eau primaire dans les roches qui entourent la vallée du Nil ! Le temps joue partout contre nous et, à moins que nous ne puissions fournir suffisamment de nourriture supplémentaire dans le cruel intervalle qui sépare l'explosion démographique actuelle et la stabilisation future de la population, les conséquences sociales, économiques et politiques d'un contrôle de la mortalité sans contrôle de la natalité ne manqueront pas d'être désastreuses. Cette nourriture supplémentaire peut être produite rapidement en approvisionnant en eau les vastes zones arides de la terre, ce qui peut être fait dans les meilleurs délais en localisant et en exploitant les sources telluriques profondes qui, si Riess et Salzman ont raison, sont presque partout et, en pratique, inépuisables.

Et même dans les régions où il pleut et où les rivières coulent, l'eau primaire peut s'avérer utile, voire indispensable. Avec l'augmentation de la population et les progrès techniques, on consomme de plus en plus d'eau. Et non seulement l'eau est de plus en plus utilisée, mais les sources d'eau sont de plus en plus polluées. À la pollution chimique et excrémentielle qui souille nos rivières, nos lacs et nos plages, s'ajoute désormais régulièrement une pollution radioactive. Dangereuse même en temps de paix, une telle contamination radioactive peut avoir les conséquences les plus effroyables pendant et après une guerre. Dans les années à venir, et pour les habitants des pays densément peuplés et fortement industrialisés, les sources d'eau non contaminée et non contaminable deviendront de plus en plus précieuses.

Pour le bien de tous, espérons que Riess et Salzman aient raison. Ayant vu certains des puits de Riess et ayant maintenant lu les épreuves du livre de Salzman, je ne me contente pas d'espérer, mais je suis presque sûr qu'ils ont raison. Reste à savoir si ceux qui sont aujourd'hui considérés comme des experts dans le domaine de l'hydrologie, ainsi que les hommes politiques qu'ils conseillent, reconnaîtront eux aussi que les arguments avancés sont valables et qu'il convient de procéder à des expériences à grande échelle. Les intérêts personnels sont de plusieurs ordres. Il y a les intérêts intellectuels de ceux qui ont obtenu leur doctorat dans une science à un certain stade de son développement, qui ont enseigné et appliqué cette science à ce stade particulier, et qui considèrent toute remise en question des postulats qui sous-tendent cette science à ce stade comme un affront personnel et une menace pour leur position au sein de l'*Establishment*. Et puis, bien sûr, il y a les intérêts plus conséquents des entrepreneurs qui gagnent de l'argent en vendant du béton pour les barrages et les travaux d'irrigation, des banquiers qui gagnent de l'argent en gérant les investissements des États et des municipalités, des bureaucrates qui, obéissant à la loi de Parkinson, ressentent le besoin d'agrandir leurs services et d'étendre leur autorité, des politiciens qui jugent prudent de dire oui à de puissants groupes de pression. Cependant, même face à des intérêts personnels, la vérité (surtout si elle est utile) l'emportera tôt ou tard. Est-ce que ce sera plus tôt que tard ? Telle est la question.

Aldous Huxley
Le 21 mars 1960 à Topeka, Kansas

Avant-propos

Une vieille légende hindoue raconte que tous les hommes sur terre étaient des dieux. L'homme ayant péché, le dieu Brahma, dieu de tous les dieux, décide de lui retirer sa tête de dieu, de la cacher là où l'homme ne la trouverait pas, et convoque un conseil des dieux.

Un des dieux recommande de cacher la tête dans les entrailles de la terre. Un autre dieu conseille de la cacher au sommet de la plus haute montagne. Un troisième dieu suggère de la plonger dans les profondeurs de l'océan. Le dieu Brahma rejette toutes les propositions et déclare : « L'homme creusera loin sous terre. L'homme escaladera la plus haute montagne, l'homme cherchera au plus profond des mers et l'homme trouvera sa tête de dieu. »

Finalement, le dieu de la Sagesse propose : « Cachons-la en l'homme lui-même ». « Oui, répond le dieu Brahma, nous cacherons la tête de dieu là, car l'homme ne pensera jamais à la chercher en lui-même. »

Tout ce qui se trouve sur la terre, y compris sa propre atmosphère, mais à l'exclusion des météorites et de la poussière météoritique, provient de l'intérieur de la terre. En essayant de résoudre les problèmes de pénurie d'eau, l'homme a ignoré ce fait fondamental et, au lieu de cela, il érigea des monuments d'ingénierie aux proportions phénoménales qui, à l'avenir, ne serviront qu'à attester de son ignorance.

Notre connaissance de la vie, du monde et de l'univers qui nous entourent provient de l'observation et de l'interprétation de procédures expérimentales et de divers phénomènes naturels. Cependant, le lien entre l'interprétation et l'observation est généralement plus ténu que ce que la plupart des gens soupçonnent. Ce qui passe pour vrai est rarement remis en question, surtout si l'interprétation est acceptée depuis longtemps par tout le monde, experts et non-experts réunis. Par conséquent, il arrive que les affirmations qui ont le plus besoin d'être examinées échappent à toute remise en cause.

La théorie du cycle hydrologique, sur laquelle reposent nos efforts actuels en matière d'approvisionnement en eau, est valable dans une certaine mesure, mais ne va pas assez loin. Les puits conventionnels d'eau souterraine sont forés dans des roches non consolidées, à savoir les sables et les graviers, parce qu'elles sont poreuses et perméables à l'infiltration des eaux de surface. Ces puits dépendent donc entièrement des taux locaux de précipitations, qui peuvent être suffisants, ou alors presque inexistants. Lorsque les précipitations locales sont trop faibles, il faut recourir au procédé coûteux de l'importation d'eau, sinon la région se trouve bloquée dans sa croissance. Selon une enquête du *New York Times*, la croissance économique des États-Unis est limitée par les pénuries d'eau.

Ce livre s'est inspiré de la découverte de Stephan Riess, qui démontra que l'eau douce et potable s'écoulant dans des fissures de roches solides trouvées en profondeur pouvait être repérée depuis la surface de la terre de manière scientifique, et récupérée à bas coût en forant à travers les roches dures et imperméables, afin de constituer une réserve d'eau abondante qui, jusque-là, a été laissée de côté. Cette première inspiration est appuyée à de nombreuses reprises par la découverte de preuves de plus en plus nombreuses, déjà présentes dans la littérature, mais dispersées dans divers domaines de spécialisation, qui corroborent le concept de base. Comme le disait René Descartes : « Si donc on veut sérieusement chercher la vérité, il ne faut pas s'appliquer à une seule science, elles se tiennent toutes entre elles et dépendent mutuellement l'une de l'autre. »

Il arrive cependant qu'une découverte importante ne soit pas reconnue. La science de la radioastronomie fut découverte par hasard il y a environ vingt-cinq ans mais, pendant les dix années qui suivirent, les astronomes du monde entier firent comme si elle n'existait pas. Pourtant, aujourd'hui, dans le pays de sa découverte, nous construisons frénétiquement le plus grand radiotélescope du monde dans une tentative de rattraper l'avance que nous avait octroyée cette découverte fortuite.

Au cours des vingt-cinq dernières années d'expérience et d'observation sur le terrain, Stephan Riess a réussi à affiner ses propres travaux et concepts au point que ses démonstrations exigent que l'on se penche dessus. Pourtant, puisqu'il va au-delà de la théorie du cycle hydrologique, ses travaux ont été ignorés, à quelques exceptions près qui commencent seulement à se multiplier. Selon Du Bridge, président du California Institute of Technology, il y a infiniment plus à apprendre que ce qui a déjà été appris. Plus la science progresse, plus elle se rend compte de sa « stupéfiante et accablante » ignorance. Ceux qui refusent de regarder au-delà de la théorie du cycle hydrologique sont, à la lumière des démonstrations de Riess, des perdants pour la science. En outre, des théories communément admises se retrouvent régulièrement invalidées. Geikie,[4] qui retraça l'évolution de la géologie, déclara que, plus que toute autre branche des connaissances naturelles, elle est ouverte à tous ceux qui sont prêts à former leur faculté d'observation sur le terrain et à discipliner leur esprit en corrélant patiemment les faits et en décortiquant courageusement les théories.

En 1931, deux chimistes indiens isolèrent des alcaloïdes cristallins à partir de racines de Rauwolfia, puis deux médecins indiens publièrent la même année un compte rendu de leur étude clinique avec ces nouveaux alcaloïdes cristallins. Gorman,[5] directeur exécutif du National Mental Health Committee, affirme que si le rapport des deux médecins indiens avait été présenté à un quelconque public scientifique vingt-cinq ans plus tard, en 1956, il aurait été salué comme une description extraordinairement précise des utilisations possibles du Rauwolfia. Curieusement, nous refusons de croire que les scientifiques peuvent eux aussi devenir bornés.

De même, dans le domaine de l'approvisionnement en eau, un article du minéralogiste suédois Nordenskiold publié en 1896 serait une découverte inédite aujourd'hui, bien que cet article ait été à l'origine de sa nomination pour le premier prix Nobel de physique.

La reproductibilité est un principe scientifique fondamental. Nordenskiold et Riess, très éloignés l'un de l'autre sur le plan géographique et temporel, ont tous deux démontré de manière indépendante qu'il était possible de détecter et de capter de manière scientifique l'eau douce et potable qui s'écoule au travers des fissures de roche solide et que cet approvisionnement en eau peu coûteux, indépendant des taux de précipitations locaux, pourrait contribuer à résoudre les problèmes de pénurie d'eau auxquels le monde est confronté.

La question de la provenance de ces eaux nous emmène dans les théories de la genèse de toutes les eaux présentes à la surface de

4. *The Founders of Geology*, Sir Archibald Geikie, The Macmillan Company, 1897, p. 285.
5. *Every Other Bed*, Mike Gorman, The World Publishing Co., 1956, p. 90.

la terre. Un nombre considérable de preuves, géologiques et autres, étayent la théorie selon laquelle les eaux à la surface de la terre sont issues de l'intérieur de la terre tout au long des temps géologiques et que ce phénomène se poursuit aujourd'hui.

Récemment, Kozyrev, un scientifique soviétique, a signalé une fuite de gaz du cratère Alphonsus se trouvant sur la Lune. Il lui est venu l'idée que ce phénomène pourrait être similaire à ceux qui se produisent sur la Terre. Dans une lettre datée du 16 décembre 1959, Harold C. Urey répond à la remarque de l'auteur :

> Il ne me semble pas déraisonnable que des gaz s'échappent de la Lune et je pense que si c'était le cas, il s'agirait d'un mélange d'eau et d'autres substances. Cependant, je pense que cela n'a pas grand-chose à voir avec l'échappement d'eau de la terre en raison de conditions sensiblement différentes. Si j'étais vous, je m'abstiendrais de me pencher sur tout ce qui pourrait être lié à la Lune dans vos études, en raison du caractère très douteux de toutes les conclusions relatives à ce sujet.

Sous contrat avec le Valley Municipal Water District de San Bernardino, Riess fut rapidement prié de se pencher sur le cas de la région de Yucaipa, même s'il n'était pas optimiste quant à la possibilité de trouver des puits à forts rendements dans cette région. Il pensait que d'autres zones du territoire seraient beaucoup plus fructueuses, mais, sous la pression du district, Riess localisa un puits dans l'ancien Webster Ranch à Yucaipa. Cette découverte est rapportée dans le *Sun-Telegram* de San Bernardino (Californie) le 24 janvier 1960. Les essais préliminaires indiquent un débit d'environ 3,20 m^3 par minute, qui pourrait augmenter après un développement satisfaisant du puits. Alors que le pompage se poursuit, la fissure, en se nettoyant, libère de très grandes quantités de roches brisées à gros grains avec des particules complètement oxydées, de l'hématite fortement minéralisée, de la sulfite, de la pyrite et un peu d'or libre. L'eau n'est ni acide ni alcaline, avec un pH de 7, ce qui atteste de sa fluidité, et une température d'environ 19 °C.

Archibald MacLeish qualifia nos chercheurs d'« irresponsables » parce qu'ils se perdent dans des pédanteries et des rivalités lointaines et stériles. Nous espérons que ce livre évitera ces écueils et qu'il contribuera à faire prendre conscience de la mécanique de l'eau et, peut-être, à mieux la comprendre. Par exemple, il sera sans doute bientôt possible, en faisant fondre le deutérium naturel contenu dans un gallon d'eau ordinaire,[6] où il est présent à hauteur de 10 pour un million en poids, de produire de l'énergie équivalente à plus de 1 100 litres d'essence.

Ce livre devrait être utile à tous ceux qui s'intéressent au problème de l'eau, et en particulier aux scientifiques, techniciens, hauts fonctionnaires, législateurs, étudiants et contribuables qui sont concernés par :

1. L'augmentation du coût de l'approvisionnement en eau des municipalités.

2. Les problèmes de santé liés à la pollution de l'eau.

3. Les pénuries d'eau et de nourriture dans le monde.

4. L'expansion des zones arides de la planète.

5. Le développement économique et l'extraction de richesses minérales jusqu'ici inexploitées en raison de l'insuffisance des ressources en eau.

6. La localisation des installations industrielles, la décentralisation industrielle et la planification municipale.

7. Le boisement, le reboisement et la préservation.

8. L'approvisionnement en eau potable et non contaminable pour la défense civile et militaire ainsi que le fonctionnement de nos installations industrielles.

9. La sociologie de la connaissance.

Si nous voulons, en tant que nation, assurer la pérennité de notre précieux système de valeurs, nous devons reconnaître la valeur de notre ouverture d'esprit, car « le principe de la science est de libérer les hommes, les libérer de superstitions, de chaînes, de slogans et de dogmes ».[7]

---

6. NdÉ : Un gallon équivaut à environ 3,80 litres.
7. John J. McCloy, lors de la cérémonie de remise des diplômes du Massachusetts Institute of Technology en juin 1958.

Chapitre 1 – Introduction

> Les choses que l'on ne regarde pas en face
> ont tendance à nous poignarder dans le dos.
> Sir Harold Bowden

On me proposa de rencontrer un magicien de l'eau. Quelques semaines avant cette invitation, un magazine national avait publié un article soulevant la question suivante : « Puise-t-il de l'eau dans la roche ? »[8] Un professeur d'une autre université avait réagi à cet article en qualifiant publiquement cet homme de *veinard*, de *charlatan*, de *sorcier* et d'*imposteur*. Pourtant, sa description avait piqué ma curiosité.

Bien que la discipline que j'enseignais à l'époque fût éloignée de l'exploration des ressources hydriques, un intérêt latent, issu de mon expérience d'ingénieur au sein du Soil Conservation Service (Service de conservation des sols), refit surface. Des questions défilèrent dans mon esprit. D'une manière générale, l'eau n'est-elle pas le facteur limitant pour la production d'une végétation exploitable répondant aux besoins de toute vie animale ? L'eau n'est-elle pas vitale, à des degrés divers, dans tous les secteurs de l'économie ? L'eau ne contribue-t-elle pas, directement et indirectement, à la satisfaction de plus de besoins humains que n'importe quelle autre ressource naturelle ? Ne vaut-il pas la peine de tout mettre en œuvre pour trouver une solution au problème croissant de l'eau ? Ma réponse fut affirmative : je me joindrai volontiers au groupe pour rendre visite à Stephan Riess.

J'entrepris immédiatement de me rafraîchir la mémoire sur les enjeux liés à l'eau. Je découvris que les efforts pour trouver, développer et maintenir des réserves d'eau suffisantes ne se limitent pas à l'époque moderne, mais qu'il y a toujours eu une lutte permanente pour l'accès à l'eau.

---

8. *Does He Get Water from Rock* ?, Robert de Roos, *Collier's*, 4 février 1955.

Une lutte constante pour l'eau

Depuis des temps immémoriaux, les populations se sont installées dans des régions où l'eau était de quantité insuffisante, de qualité médiocre ou de rendement aléatoire. Des ruines excavées datant de cinq mille ans révèlent un système d'approvisionnement en eau bien planifié en Inde. De même, les peuples d'Assyrie, de Babylonie, de Chine, d'Égypte, de Grèce, de Rome et hébreux construisirent des installations similaires bien avant l'ère chrétienne. Les Égyptiens construisirent le plus ancien barrage du monde il y a environ cinq mille ans. Le puits de Jacob fut creusé dans la roche à une profondeur de plus de 30 m et serait toujours en usage.

Le système Tukiangyien, construit en Chine il y a environ deux mille deux cents ans, était un projet d'ingénierie multifonctionnel conçu à la fois pour contrôler les inondations et irriguer environ 80 000 hectares de terre fertile.

Le premier aqueduc de Rome ne mesurait que 16 km de long mais, rapidement, ils durent l'étendre sur plus de 100 km. En effet, le renversement de l'Empire romain fut attribué à la diminution des précipitations et à la baisse concomitante des réserves d'eau. Le processus moderne de construction de barrages et de transport de l'eau consiste à construire des barrages de plus en plus grands, à retenir de plus en plus d'eau et à la transporter sur des distances de plus en plus importantes.

Le problème majeur, qui explique le caractère temporaire de ces aménagements, est que les réservoirs, les canaux et les fossés ont tendance à se remplir de limon transporté par l'eau. Hammourabi, roi de Babylone, écrivait il y a environ quatre mille ans qu'il avait fait venir de l'eau et fait fleurir le désert. Les canaux babyloniens se sont cependant remplis et, pendant de nombreux siècles, les agriculteurs draguèrent le limon, en faisant des tas de chaque côté du canal. Les fermiers, les fossés et Babylone ont maintenant disparu mais les tas de limon de 6 m de haut nous rappellent tristement que même un grand empire périt lorsqu'il n'est plus en mesure d'assurer son approvisionnement en eau.

La capacité de stockage du lac Mead, derrière le barrage Hoover, est réduite de 137 000 acres-pieds[9] de limon par an. À ce rythme, le plus

9. NdÉ : Un acre-pied correspond au volume de la superficie d'un acre sur un pied de profondeur, soit ici, 168 986 760 m^3.

grand réservoir de l'histoire perd rapidement de son efficacité et sera complètement détruit dans moins de deux cent cinquante ans. Un autre type de perte, dont les anciens ne connaissaient pas l'ampleur, est l'eau perdue par évaporation. Au lac Mead, par exemple, plus de 3,4 millions de mètres cubes d'eau sont perdus chaque jour par évaporation.[10]

L'eau est devenue un problème majeur à cause des facteurs suivants :

1. L'augmentation massive de la population dans le monde entier ;

2. Les déplacements de population ;

3. La croissance industrielle ;

4. Les sécheresses à répétition ;

5. La pollution dévastatrice dans les cours d'eau et les lacs ;

6. Les contaminations spécifiques, telles que le biseau salé[11] et la radioactivité.

Une population croissante

En 1954, la population mondiale était estimée à plus de 2,5 milliards de personnes, avec un accroissement annuel de trente millions de personnes. Actuellement, on estime qu'elle augmente de cinquante millions par an et que le monde compte 2,9 milliards d'habitants.[12] Le taux d'accroissement s'est accéléré, de sorte que, si toutes les conditions sont réunies, la population mondiale aura plus que doublé dans moins de cinquante ans.

Le critère décisif pour la paix dans le monde est celui de la nourriture pour tous. Pourtant, comme tout au long de l'histoire de l'humanité, la production de denrées alimentaires reste la principale occupation et préoccupation de la majeure partie de la population mondiale. Deux tiers des habitants de la planète sont impliqués dans la production de nourriture et deux tiers ne mangent généralement pas à leur faim. Le ratio nourriture-population de l'avenir laisse présager des conditions

---

10. Conversion des données de *The Reclamation Era*, août 1957, p. 63.

11. « Un biseau salé (ou une intrusion salée) est l'intrusion d'eau saumâtre ou salée dans une masse d'eau. L'eau salée étant plus lourde et visqueuse que l'eau douce. S'il y a déséquilibre, l'eau salée (plus dense) peut « repousser » vers l'intérieur des terres la nappe d'eau douce. » (Wikipedia).

12. *United Nations Demographic Yearbook 1954*, The United Nations, 1955, p. 111, Population Reference Bureau.

difficiles. Harrison Brown[13] estime que, pour rattraper les carences alimentaires et suivre l'augmentation constante de la population mondiale, la production alimentaire dans cinquante ans risque de devoir être deux fois et demie supérieure à son niveau actuel et ajoute que, d'ici à 2050, il faudra sans doute la multiplier par trois et demie.

Un jour, l'homme tirera peut-être son alimentation de l'eau de la planète ou d'aliments synthétiques, mais, pour l'instant, et dans l'avenir immédiat, l'homme tire la quasi-totalité de son alimentation du sol, sous la forme de cultures agricoles et de bétail. La terre n'est qu'un des paramètres de l'approvisionnement alimentaire. L'eau en est un autre, et de taille. La superficie totale des terres émergées est estimée à 15 milliards d'hectares, dont plus de la moitié est pratiquement inhabitable parce qu'elle est soit montagneuse, soit située dans les régions polaires, soit désertique. Les terres restantes, un peu moins de 7 milliards d'hectares, sont actuellement considérées comme habitables pour l'homme, mais plus de 3 milliards de ces hectares sont aujourd'hui inutilisables pour la production alimentaire en raison de précipitations insuffisantes.

Les estimations de la superficie réellement cultivée varient quelque peu, allant de 7 à 10 % de la superficie de la planète. Cependant, chaque continent possède des zones qui devraient avoir un bon sol, mais ne produisent pas de cultures parce qu'elles sont trop sèches, que les précipitations sont irrégulières ou qu'elles tombent à la mauvaise saison de l'année. On pense qu'une partie de ces terres peut être rendue cultivable si l'on y apporte de l'eau. L'extension de l'irrigation est présentée comme le principal moyen d'y parvenir et, comme nous l'avons vu, il s'agit d'une technique d'agriculture très ancienne. Environ un quart de la population mondiale vit de cultures irriguées et, dans les régions densément peuplées, l'irrigation est développée pratiquement à son maximum avec la technologie actuelle. L'Inde irrigue environ un quart de ses terres cultivées, la Chine environ la moitié et l'Égypte pratiquement la totalité.[14] On estime actuellement que plus de 130 millions d'hectares sont irrigués dans le monde.

---

13. *The Challenge of Man's Future*, Harrison Brown, Viking Press, 1954, pp. 145-6.
14. *The World's Hunger*, F. A. Pearson et F. A. Harper, Cornell University Press, 1945, pp. 28-9.

James H. Breasted[15] décrit la chasse sur le plateau du Sahara, lorsque ses hautes terres, aujourd'hui désertiques, étaient encore vertes. Il pensait que la diminution des précipitations en Afrique du Nord avait transformé l'ensemble du vaste Sahara en un désert de roche et de sable. Ces terres désertiques du monde peuvent redevenir vertes.

Aux États-Unis, la population a augmenté bien plus que prévu, tout comme la quantité d'eau nécessaire. Entre 1900 et 1950, la population nationale a pratiquement doublé, de même que la consommation d'eau par habitant, de sorte que la consommation totale d'eau a été multipliée par quatre. L'augmentation du niveau de vie contribue aux pénuries d'eau. Par exemple, il y a aujourd'hui 35 millions de salles de bains, contre seulement 13 millions en 1930.

Les conflits qui font rage dans le monde entier entre des nations utilisant les mêmes fleuves pour leur approvisionnement en eau sont si graves, qu'en 1953, l'ONU sollicita des conseils à ce sujet. L'Inde et le Pakistan se disputent le réseau hydrographique de l'Indus depuis la partition de 1947 ; Israël et ses voisins arabes, la Syrie, le Liban et la Jordanie, sont dans l'impasse en ce qui concerne la division du Jourdain ; la République arabe unie[16] et le Soudan ont également un différend fondamental en matière d'eau ; l'Iran et l'Afghanistan se disputent depuis plus d'un siècle le fleuve Helmand, et même les États-Unis et le Canada ont des litiges non résolus au sujet du fleuve Columbia et de la rivière Yukon. Non seulement il y a des conflits entre les nations, mais aux États-Unis, les États de l'Arizona, de la Californie, du Colorado, du Nevada et de l'Utah ont tous été en désaccord au sujet de la distribution de l'eau du fleuve Colorado. Le sectionalisme s'observe au sein de l'État de Californie, la Californie du Sud s'opposant à la Californie du Nord pour l'eau qui provient de celle-ci. En outre, il y a eu des conflits entre les villes et l'État. Par exemple, la ville d'Albuquerque dépend uniquement de puits d'eau souterraine pour son approvisionnement en eau et, pourtant, lorsque la ville souhaita l'étendre pour répondre à des besoins supplémentaires, le service des eaux de l'État du Nouveau-Mexique décida que la ville d'Albuquerque ne pouvait pas forer de nouveaux puits.

---

15. *The Dawn of Conscience*, James H. Breasted, Charles Scribner and Sons, 1933, p. 392.
16. NdÉ : La République arabe unie est un État créé en 1958 par l'union de l'Égypte et de la Syrie, puis, pendant une courte période, du Yémen ; l'union disparaît en 1961 (Wikipédia).

Un déplacement de population aux États-Unis

Le déclenchement de la Seconde Guerre mondiale provoque une évolution importante de la population des États-Unis : celle de six États de l'Ouest augmente de 25 à 52 % entre 1940 et 1950, tandis que l'augmentation nationale n'est que de 15 %. La croissance industrielle et la forte demande en eau qui l'accompagne se propagent vers l'ouest et le sud.

La forte augmentation de la superficie irriguée dans l'ouest et le recours à l'irrigation d'appoint dans tout le Midwest et les États de l'Est et du Sud contribuent à une consommation d'eau beaucoup plus élevée. En 1954, les terres irriguées étaient estimées à environ 11 millions d'hectares. La culture d'un boisseau de maïs par irrigation nécessite environ 38 m^3 d'eau, et celle d'une tonne de foin de luzerne environ 760 m^3. À l'heure actuelle, l'irrigation représente environ la moitié de l'eau consommée par l'ensemble du pays.

La croissance industrielle des États-Unis

L'industrie est également un gros consommateur dans le pays. Cependant, l'essentiel de cette consommation est le fait d'un nombre relativement limité d'industries, principalement pour la production et la fabrication de métaux, de pétrole raffiné, de pâte à papier, de produits chimiques et de matières synthétiques. Les producteurs d'électricité ont besoin d'environ la même quantité d'eau par jour que toutes les autres industries réunies. Les utilisateurs résidentiels sont ceux qui consomment le moins d'eau.

La production industrielle aux États-Unis a été multipliée par sept depuis 1900. Ce n'est que depuis 1945 environ que l'on réfléchit sérieusement à la quantité d'eau dont l'industrie a besoin. La President's Materials Policy Commission estime qu'elle représentait 35 % de la consommation totale d'eau en 1950, mais devrait atteindre 63 % en 1975. La majeure partie de l'eau utilisée par l'industrie est destinée au refroidissement, grâce à sa capacité thermique incroyablement élevée. Un demi-litre d'eau dans un système de refroidissement n'augmente sa propre température que d'un degré tout en abaissant la température d'un demi-kilo d'acier de dix degrés.

Les sécheresses périodiques

Des sécheresses périodiques se produisent dans le monde entier. Pour mettre fin à une sécheresse en Australie, la tribu Duri a recours à la magie. L'une des techniques consiste à prélever le sang des sorciers, à en asperger d'autres hommes de la tribu, puis à jeter des oiseaux sur leurs corps pour leur donner l'apparence de nuages.

Aux États-Unis, les sécheresses récurrentes sont une caractéristique normale du climat dans les zones méridionales des Great Plains, ainsi que dans certaines parties de l'Ouest, du Midwest et du Sud. Les océans, et en particulier l'océan Pacifique, permettent de garantir la constance des précipitations aux États-Unis. La régularité des sécheresses estivales sur notre côte ouest et la stabilité de certaines régions arides dans l'extrême ouest et le sud-ouest résultent de l'influence de l'océan Pacifique. En fait, cette influence se fait fortement sentir dans la région située entre les Rocky Mountains et le Mississippi et, dans une moindre mesure, vers l'est et le nord-est.

Les précipitations aux États-Unis dépendent de températures relativement basses sur le continent septentrional et de températures relativement élevées sur le Pacifique septentrional. Une augmentation de la chaleur du soleil tend à amener la pluie plus loin vers l'intérieur du continent ; une diminution entraîne davantage de précipitations dans les régions côtières. Une augmentation ou une diminution du rayonnement solaire, si elle est suffisamment importante, entraîne une augmentation considérable de la circulation de l'atmosphère. L'augmentation de la circulation atmosphérique entraîne à son tour des changements dans la distribution des températures océaniques : il y a d'abord un refroidissement dû au mélange des eaux, puis vient l'effet de circulation océanique. Par conséquent, lorsque le rayonnement solaire augmente ou diminue, les températures océaniques sont décalées et relativement élevées ou relativement basses par rapport aux températures continentales, ce qui entraîne des changements dans la quantité et la répartition des précipitations.

Lorsque la pression à l'est des Rocky Mountains est plutôt élevée au nord et plutôt basse au sud, les précipitations sont supérieures à la normale aux États-Unis. En raison de la circulation atmosphérique vers l'ouest qui prévaut à notre latitude, l'air doit franchir les montagnes pour atteindre les zones à l'est et au centre de l'Amérique du

Nord et, s'il ne passe pas par le nord, il s'accumule et se voit contraint de passer par le sud. Lorsque cela se produit, la répartition des précipitations subit des changements considérables et les sécheresses deviennent graves et généralisées.[17]

La pollution des lacs et rivières

Tout ce qui s'écoule dans les égouts d'une ville est qualifié de déchets domestiques. Les déchets industriels sont les acides, les produits chimiques, les huiles, les graisses et autres matières rejetés par les usines, parfois dans les réseaux d'égouts de la ville et parfois par des sorties séparées se déversant directement dans les cours d'eau. Les systèmes de purification de l'eau sont restés une protection remarquablement efficace contre les risques sanitaires liés à la pollution de celle-ci, mais la croissance et la concentration de la population, associées à l'augmentation de la pollution, compliquent et augmentent le coût de production d'une eau potable propre et de bonne qualité. Les risques sont de plus en plus grands, et la moindre faille dans nos systèmes de protection peut provoquer une catastrophe.

En 1950, le programme de collecte de données en collaboration entre les États et le gouvernement fédéral révèle un total de 22 200 sources de pollution. Bien que la pollution ait été réduite grâce à 6 700 stations d'épuration municipales et 2 600 stations d'épuration industrielles, des eaux usées et des déchets organiques pas ou insuffisamment traités, équivalents à ceux d'une population de plus de 150 millions d'habitants, sont encore déversés dans les lacs et rivières.[18] Carl E. Schwob, directeur du Water Supply and Water Pollution Control Program of the United States Public Health Service[19] affirme que la construction d'usines de traitement des déchets industriels est à la traîne au regard de la situation.[20]

---

17. *Drought*, Ivan Ray Tannehill, Princeton University Press, 1947, pp. 214-227.
18. *Pollution – A Growing Problem of a Growing Nation*, Carl E. Schwob, *Water, The Yearbook of Agriculture*, U. S. Dept. of Agriculture, 1955, p. 640.
19. NdÉ : Programme d'approvisionnement en eau et de lutte contre la pollution de l'eau du service de santé publique des États-Unis.
20. *Pollution – A Growing Problem of a Growing Nation*, Carl E. Schwob, *Water*, The Yearbook of Agriculture, U. S. Dept. of Agriculture, 1955, p. 641.

Le biseau salé

L'invasion d'eau salée ne se limite pas à l'intrusion d'eau de mer dans de l'eau douce. La source de tous les sels, sodium, calcium, magnésium, potassium et autres éléments plus rares, se trouve dans la matière rocheuse de la terre elle-même. Lorsque la pluie ou la neige tombe sur la terre, l'eau contient relativement peu de matières minérales dissoutes. Cependant, en se déplaçant sur et à travers le sol et les roches, elle commence à dissoudre leurs composants les plus solubles.

La pénétration progressive d'eau salée dans les zones d'eau douce est un phénomène inquiétant et très répandu, qui se produit dans presque tous les États. Lorsque l'eau salée supplante l'eau douce, les villes risquent de devoir renoncer aux sources d'eau qu'elles utilisaient depuis longtemps et de les remplacer. Les installations industrielles pourraient fermer, et les terres agricoles et les vergers risquent d'être réduits à néant. Ce phénomène est coûteux en termes d'argent, de temps, d'énergie et de productivité.

On estime qu'une lente élévation du niveau de la mer est en train de se produire à l'échelle mondiale. Sur la côte atlantique des États-Unis, on observe depuis 1930 une élévation nette d'environ un demi-mètre en cent ans. Comme ces données portent sur une très courte période de temps géologique, les prévisions qui en découlent peuvent être trompeuses. Pourtant, une telle élévation du niveau de la mer ferait que le point de contact entre l'eau salée et l'eau douce le long de la côte du New Jersey reculerait vers l'intérieur des terres à un rythme d'environ 1 à 6 km par siècle. Les stations côtières du Pacifique ont enregistré une élévation d'environ un tiers supérieure à l'élévation du niveau de la mer des stations de l'Atlantique.

Une autre source d'eau salée se trouve dans les profondeurs de la croûte terrestre, où l'eau est un constituant chimique naturel des solutions rocheuses connues sous le nom de magma. Ce type d'eau est présent au-delà de la limite inférieure de l'eau liquide libre dans les interstices des roches. Là où le magma s'élève dans les parties supérieures de la croûte terrestre, il finit par se solidifier en roches telles que le granit et, au cours de ce processus, l'eau qui était auparavant dissoute ou en liaison chimique avec d'autres minéraux est expulsée. Cette eau nouvellement formée a reçu de nombreux noms, dont celui d'eau juvénile. L'eau juvénile peut s'échapper dans les roches pré-existantes sous-jacentes et environnantes par infiltration, ou peut être émise par des volcans, des sources chaudes ou des geysers. Nous reviendrons plus en détail sur cette eau nouvellement formée dans les chapitres suivants.

Certaines pratiques d'irrigation et certains procédés industriels utilisés par l'homme augmentent la teneur en sel des eaux naturelles. Lorsque l'eau d'irrigation s'évapore de la surface des terres ou est absorbée par les plantes, une partie des sels demeure. Si rien n'est prévu pour éliminer ces sels, ils s'accumuleront jusqu'à ce que la terre devienne incultivable. Certaines activités industrielles, minières et pétrolières génèrent également de nouvelles sources de salinité. Le biseau salé est un problème majeur dans la plupart des États producteurs de pétrole. Le Texas, par exemple, compte plus de 500 champs de pétrole répartis sur l'ensemble de son territoire. Non seulement les puits d'eau et les champs appartenant à des particuliers ont été envahis par des saumures provenant des puits de pétrole, mais l'approvisionnement municipal de villes telles que Beaumont, Longview et Graham a également été endommagé.

Au départ, une rivière déverse son eau partiellement minéralisée dans l'océan, où les sels sont concentrés sous l'effet de l'évaporation. Certains lacs continentaux se sont salinisés de la même manière. L'eau devient plus lourde et plus dense à mesure que sa salinité augmente, de sorte que l'eau de mer tend à rester séparée de l'eau douce. L'eau douce est située au-dessus de l'eau salée, mais, s'il y a des turbulences à l'endroit où l'eau salée et l'eau douce entrent en contact, elles se mélangent rapidement.

Le type d'envahissement d'eau salée le plus courant est celui causé par l'exploitation de puits. Le pompage des puits au-delà de la recharge naturelle en eau provoque un abaissement de la nappe phréatique. L'abaissement de la nappe phréatique à Miami d'environ 1,5 m a rompu l'équilibre naturellement établi entre l'eau salée et l'eau douce, et l'eau salée a commencé à remonter vers l'intérieur des terres, ce qui fit perdre à la ville deux grands champs de captage à Springs Garden et Coconut Grove, ainsi que la jouissance de milliers de puits privés le long de la côte.[21]

21. *The Encroachment of Salt Water into Fresh*, Garald G. Parker, *Water, The Yearbook of Agriculture*, U. S. Dept. of Agriculture, 1955, pp. 615-35.

La contamination radioactive

Au cours du mois de mars 1958, des pluies radioactives huit fois supérieures à la norme fixée pour l'eau potable sont tombées dans le sud de la Californie, et des pluies radioactives 200 fois supérieures aux normes de sécurité sont tombées dans la région de la baie de San Francisco.[22] Cette pollution radioactive est potentiellement plus dangereuse que toutes les autres que nous connaissons, et il est probable qu'elle augmente dans les années à venir avec le développement de l'énergie nucléaire.[23] Le texte d'un comité du gouverneur sur les radiations atomiques indique que les échantillons d'air atmosphérique au niveau du sol dans l'État du Minnesota en 1957 sont inférieurs aux niveaux considérés comme significativement nuisibles à la vie. « Toutefois, poursuit le rapport, les niveaux signalés des eaux de pluie, des eaux de surface et des eaux fluviales à travers l'État ont dépassé, dans un nombre important de cas, pendant les périodes succédant aux essais de bombes et les quelques mois qui ont suivi, les limites fixées par le National Bureau of Standards en tant que niveaux provisoires admissibles pour l'eau de boisson. »[24]

Environ 54 % de la population totale approvisionnée aux États-Unis reçoit de l'eau de surface facilement contaminable. Il est reconnu qu'une grande partie de notre population reçoit de l'eau non traitée, mais quelle est l'efficacité des stations de traitement en matière de contamination radioactive ? D'une manière générale, selon le Oak Ridge National Laboratory en 1956, « les procédés de traitement de l'eau ne réduiront pas efficacement l'activité dans l'eau à des limites de sécurité acceptables, sauf lorsque les niveaux initiaux d'activité sont très faibles, certainement plusieurs ordres de grandeur en dessous du niveau de 1,0 microcurie par ml. »[25] Parallèlement, le Oak Ridge National Laboratory a indiqué qu'il fallait prévoir des sources d'eau auxiliaires à partir d'éventuelles sources non contaminables afin de protéger les grandes agglomérations qui dépendent des eaux de surface susceptibles d'être contaminées par des matières radioactives.

---

22. News story, *Los Angeles Times*, March 27, 1958, p. 1.
23. *Congressional Record*, Eugene J. McCarthy, 20 février 1958, p. A1584.
24. *Congressional Record*, 20 février 1958, p. A1585.
25. *Radio-active Matter in Water Supplies*, *Public Works*, 88, mai 1957, pp. 182-3.

La visite

Alors que j'étais plongé dans toutes ces réflexions, le samedi suivant arriva à grands pas. Six d'entre nous se rendirent à Simi Valley, dans le comté de Ventura, en Californie. Plus d'une centaine de puits avaient été creusés dans la vallée mais, comme l'eau avait été prélevée plus rapidement que le taux de renouvellement naturel, la plupart des puits de la vallée s'étaient rapidement asséchés.

À des centaines de pieds[26] au-dessus de ces puits se trouve la résidence de Stephan et Thelma Riess. La végétation luxuriante indique un approvisionnement abondant en eau ; les terrains, les arbres et les volières témoignent une certaine sensibilité et compréhension de la nature. Notre accueil est cordial et, peu après les formalités, lorsque la discussion se porte sur l'eau, il ne fait aucun doute que Stephan Riess est galvanisé. Les notions qu'il connaît sur le bout des doigts témoignent de l'étendue de ses centres d'intérêt et, lorsqu'il met en marche le gros moteur diesel produisant un débit d'eau phénoménal à partir de l'un de ses puits, ses yeux se mettent à briller et son enthousiasme, quelque peu contagieux, n'a pas de limite lorsqu'il explique pourquoi ses puits sont abondamment approvisionnés alors que ceux de la vallée sont à sec.

Bien qu'une grande partie de ses propos divergent des théories traditionnelles que je connais, il répond aux questions de manière directe et concise. En fait, le pétillement dans ses yeux suggère qu'il est non seulement prêt à répondre à des questions sur ses recherches scientifiques, mais également qu'il serait ravi d'être mis au défi.

Le reste de la journée est consacré à la visite d'autres puits que Stephan Riess localisa dans le comté de Ventura. Chacun de ces puits fut foré dans une roche solide et étanche jusqu'à ce qu'une fissure contenant de l'eau douce et potable fut repérée. Pendant une partie de la journée, je marche à côté d'un ingénieur géomètre qui, à plusieurs reprises, me déclare sans détour qu'il ne croit rien de ce qu'il voit ou entend. Il insiste sur le fait que s'il était possible de trouver de telles eaux, si elles existaient vraiment, alors d'autres scientifiques sauraient également comment les détecter, et ce serait aujourd'hui de notoriété publique.

---

26. NdÉ : 100 pieds équivaut à 30,48 m.

Je lui signale alors que la Fondation Nobel avait examiné l'évolution historique de la plupart des grandes découvertes. Elle constata qu'à un certain moment, la connaissance était portée à un stade où la découverte apparaissait plus ou moins d'elle-même à un scientifique à l'esprit ouvert. « Cela n'enlève rien à la valeur de la contribution du scientifique », précise la Fondation Nobel, « seul celui qui a le don divin de discerner intuitivement parmi des observations insignifiantes le petit quelque chose qui, après une analyse plus approfondie, conduit à la découverte, est celui qui trouve ce qui a échappé à beaucoup de ceux qui, entre leurs mains et sous leurs yeux, avaient les mêmes possibilités de faire la découverte. »[27]

Le comportement de Riess est diamétralement opposé à celui d'un charlatan. Il n'est pas mystérieux, mais ouvert et direct dans ses réponses. Il suffit d'en savoir assez pour poser les bonnes questions. Lorsque Riess déclare que de nombreuses personnes en savent autant ou plus que lui, mais qu'il est tombé sur quelque chose que les autres avaient ignoré, je sais qu'il est sincère et qu'il pense avoir découvert quelque chose de capital pour l'humanité.

Auparavant, Riess était ingénieur des mines et son intérêt pour l'eau provenait du fait que de nombreuses mines dans lesquelles il avait travaillé avaient été inondées. Ces expériences, associées à une prise de conscience précoce des problèmes de pénurie d'eau, l'incitèrent à mettre au point une démarche scientifique pour repérer les eaux de fissures dans des roches solides depuis la surface de la terre.

La simple question qui se pose est la suivante : Riess est-il un sorcier de l'eau ou l'un de nos plus grands géologues, même s'il n'a pas été reconnu ? À la suite de cette visite inspirante, je décide de rechercher des informations qui permettraient de contester ou d'étayer les théories de Riess, et il me semble judicieux de commencer au même endroit que lui : dans les mines.

Les exploitation minières

Dans les régions minières où la cassure postminérale due aux failles est importante, l'eau présente dans les zones de cassure pose souvent de sérieux problèmes. Les eaux de fissure sont communément

27. *The Man and His Prizes*, Nobel, édité par the fondation Nobel, University of Oklahoma Press, Norman, 1951, p. 402. Avec l'autorisation spéciale du professeur Manne Siegbahn (lauréat du prix Nobel de physique en 1924) et de la Fondation Nobel.

appelées « cours d'eau » par les mineurs, qui sont parfois repérés sous terre dans les mines, jusqu'à une profondeur de plusieurs milliers de pieds,[28] comme cela fut attesté lorsque des exploitations minières trouvèrent certains cours d'eau en perçant les roches. Dans les profonds chantiers de Tonapah, au Nevada, par exemple, la roche était entièrement sèche jusqu'à ce que l'une de ces grandes fissures contenant de l'eau soit percée.

Bien entendu, les eaux de surface peuvent pénétrer dans les failles et les fractures, et ces eaux de surface infiltrées peuvent représenter tout ou partie des eaux de fissure. Cependant, Young[29] souligne qu'en plus de ces eaux de surface, de l'eau provenant de sources profondes monte jusqu'à ce qu'elle s'écoule par une ouverture en surface ou que son mouvement ascendant soit stoppé par l'atteinte d'un équilibre, auquel cas ces sources profondes alimentent des fissures ou systèmes de fissures. Cependant, notre préoccupation à ce stade n'est pas l'origine de ces eaux, mais leur existence et leur disponibilité pour les besoins de l'homme.

Les eaux minières

Le Comstock Lode, une zone de mines d'argent mondialement connue située à Virginia City, dans le Nevada, fournissait la production d'argent la plus rentable des États-Unis, jusqu'à ce qu'elle soit inondée par de l'eau chaude à une profondeur de plus de 900 m.[30]

À environ 500 m de profondeur, le tunnel Mahr[31] heurta une fissure par laquelle le débit se maintint à plus de 68 m³ par minute. De même, le tunnel de drainage plus récent de la mine Carlos Francisco[32] atteint des fissures principales qui libéraient plus de 37 m³/min. La mine Natividad,[33] à 309 m de profondeur, avec un monte-charge de 158 m, avait une capacité de production de 113 m³/min. À une altitude de

---

28. NdÉ : 1 000 pieds équivaut à 304,8 m.
29. *Elements of Mining*, George J. Young, quatrième édition, McGraw-Hill Book Co., 1946, p. 230.
30. *1001 Questions About the Mineral Kingdom*, Richard M. Pearl, Dodd, Mead & Company, 1959, pp. 118-9.
31. *Mahr Tunnel Encounters 20,000 G.P.M. Flow*, et *Mahr Tunnel Completed*, *Engineering and Mining Journal*, 134, 1933, p. 414, et 135, 1934, p. 217.
32. *The Pumping Station at the Carlos Francisco Mine, Casapalca, Peru*, R. H. Misener, Tech. Pub. #1546, A.I.M.E., 1943, pp. 1-15.
33. *Pumping at Morococha*, A.C. Mac Hardy, *Engineering and Mining Journal*, 03/1934.

1 900 m, la mine Jarbridge[34] (Nevada) pompait presque 27 m³/min à la surface depuis une profondeur de 300 m.

Les expériences menées à Eureka, dans le Nevada, méritent d'être examinées de plus près. En 1947, le puits Fad, situé sur Ruby Hill à 2,5 km à l'ouest d'Eureka, Nevada, fut achevé à une profondeur de plus de 750 m sur un site adjacent au bloc de faille descendante dans lequel le minerai fut trouvé. Lorsque le tunnel horizontal au niveau 685 croisa la faille Martin, un important débit d'eau se forma, dépassant la capacité de la pompe installée, et inonda le puits.

En 1948, une tentative infructueuse fut menée pour récupérer le puits. Le pompage à un taux de 30 m³/min ne permit pas de récupérer le niveau 685 et, lorsque le taux de pompage fut augmenté à 34 m³/min, le niveau de l'eau dans le puits descendit à 18 m sous le niveau 685. Cependant, ce débit de pompage plus élevé commença à faire entrer de la boue dans le puits, rendit l'eau boueuse et augmenta progressivement le niveau de pompage jusqu'à ce qu'il soit remonté environ 100 m dans le puits. Ainsi, malgré l'augmentation et la poursuite du pompage au taux de 30 m³/min, le niveau de l'eau dans le puits resta à environ 120 m au-dessus du niveau 685. Il est évident qu'en augmentant le taux de pompage, beaucoup de petits sédiments furent décollés des fractures lorsque l'eau se déplaça le long de la faille Martin, ce qui permit d'améliorer les connexions hydrauliques.[35]

Une eau douce et potable

Il est évident que toutes les fractures ou fissures ne contiennent pas d'eau, et celles qui en contiennent peuvent véhiculer de l'eau chaude et fortement minéralisée à diverses concentrations ou, au contraire, de l'eau fraîche et potable. Dans la mesure où la solubilité de la plupart des minéraux est plus importante à des températures élevées, il existe une relation entre la température de l'eau et la quantité de minéraux qu'elle contient. Lors de l'assèchement de la mine d'Osceola,[36] on constate que l'eau peut être divisée en deux strates distinctes :

---

34. How a Tough Water Problem Was Solved, R. O. Carmozzi, Engineering and Mining Journal, juillet 1942, p. 45.

35. Pumping Test Evaluates Water Problem at Eureka, Nevada, Wilbur T. Stuart, Mining Engineering, février 1955, pp. 148-156.

36. Unwatering of the Osceola Lode, A. S. Kramer et al., Mining Engineering, avril 1956, pp. 375-381.

une strate supérieure d'eau relativement exempte de sel, et une strate inférieure à teneur en sel assez élevée. À 600 m de profondeur, l'eau ne contient que peu ou pas de sel et a une densité presque égale à 1,0, alors qu'au fond du puits, la teneur en chlorure est de 62 000 parties par million et la densité de 1,082.

Spurr, éminent géologue minier, déclare pour résumer ses nombreuses années d'expérience en matière d'eaux minières :

> En résumé, le résultat de ma propre expérience est le suivant : j'ai parcouru, étudié de manière exhaustive et cartographié avec soin, soit personnellement, soit avec l'aide de mes associés et assistants, plusieurs milliers de chantiers miniers, au cours d'une période de plusieurs années. Ces travaux miniers ont eu lieu à toutes les profondeurs, souvent à des milliers de pieds[37] sous terre. À toutes les profondeurs, j'ai remarqué des brèches dans les roches, en particulier le long des zones de faille ou de fracture, et j'ai trouvé des eaux circulant vigoureusement le long de ces brèches. Ces eaux étaient froides, tièdes ou (rarement) chaudes.[38]

Trois points importants de Spurr sont à retenir :

1. Les brèches dans les roches existent à toutes les profondeurs, en particulier le long des zones de failles ou de fractures ;

2. Les eaux trouvées dans ces brèches circulent abondamment ;

3. La température de ces eaux varie du froid au tiède et, en de rares occasions, au chaud.

Je suis convaincu que l'existence des eaux minières est assez courante, que leur présence en grandes quantités n'est pas rare et qu'elles sont souvent douces et potables. Il s'agit là d'une information importante, apparemment connue des personnes travaillant dans le secteur minier, mais qui n'est généralement pas connue ou comprise. Je dois alors poursuivre mes recherches. Bien que la référence de Young[39] aux eaux provenant de sources profondes ait ouvert une nouvelle voie pour mon aventure, je pense qu'il est essentiel de commencer par se faire une idée plus précise de ce qu'est l'eau.

---

37. NdÉ : 1 000 pieds équivaut à 304,8 m.
38. *The Ore Magmas*, Vol. 1, Josiah Edward Spurr, McGrawHill Book Co., 1923, p. 89.
39. *Elements of Mining*, George J. Young, 4e édition, McGraw-Hill Book Co., 1946, p. 230.

Chapitre 2 – Qu'est-ce que l'eau ?

L'eau, [...] c'est le reflet du spectre insaisissable de la vie,
et la clef de tout.
Herman Melville, *Moby Dick*

Trop de gens considèrent l'eau comme une ressource fixe et inaltérable. Même si cela était vrai, la répartition et la disponibilité de l'eau, en constante évolution bien que souvent imperceptible, ont déjà provoqué l'effondrement de civilisations passées, et pourraient tout aussi bien entraîner la chute de la nôtre. Toutefois, les réserves d'eau présentes sur et dans la Terre ne sont pas statiques ni immuables. Elles diminuent par des processus tels que la dissociation, l'hydratation et l'absorption par les organismes vivants, mais elles augmentent également grâce à des phénomènes comme la déshydratation des roches et le cycle de la vie et de la mort.

Matière et environnement

Tout le monde admet que la vie est dynamique, qu'elle est en constante évolution, mais beaucoup trop de gens croient que la matière est statique. Une dichotomie s'est créée : la vie d'un côté, la matière de l'autre. Or, la matière n'est jamais inerte, jamais indifférente à son environnement et ses changements. Même le diamant, qui est le cristal le plus dur et le plus solide que l'homme connaisse, cède à l'agitation de très hautes températures et se consume en gaz dans l'oxygène. D'autres minéraux, formés sous haute pression dans les profondeurs de la terre, se désagrègent lorsqu'ils sont ramenés à la surface. La réalité est qu'ils s'adaptent à leur nouvel environnement où la pression est relativement faible et la température plus basse. La matière, dans des conditions où elle ne risque pas de changer, est dite « en équilibre avec son environnement » et peut exister indéfiniment si les conditions extérieures restent stables. La matière n'est donc pas inerte. Il s'agit simplement d'une énergie équilibrée qui attend de se réajuster à un environnement changeant. L'homme, la forme la plus élevée de la vie animale, diffère de la matière et des formes de vie « inférieures » par sa capacité à s'adapter plus rapidement, et peut-être mieux, à un environnement changeant, ou à changer d'environnement.

Un exemple concret de la réadaptation de la matière à son environnement figure dans un avertissement adressé aux entrepreneurs par la Division du Industrial Safety of California's Department of Industrial Relations dans le bulletin 105, qui dit ceci :

> Lorsqu'elles sont exposées à l'air et à l'humidité, certaines roches, comme les serpentines vertes que l'on trouve en Californie, subissent un changement qui les ramollit, appelé « air-slacking ». Les parois de ces roches sont dures et solides au moment de l'excavation, mais se ramollissent en une masse glissante et dangereuse peu après avoir été exposées à l'air libre. Pour éviter ce phénomène, certaines entreprises appliquent une couche protectrice de gunite sur ces parois, en plus d'un étayage et d'un renforcement.

Au IVe siècle av. J.-C., Aristote élabore une théorie des quatre éléments de la matière, selon laquelle tout ce qui existe sur terre peut être considéré comme un mélange de quatre substances primaires : l'eau, la terre, le feu et l'air. En 1781, l'eau est la seule substance parmi les quatre constituants de base à être encore considérée comme un « élément », mais, cette année-là, Joseph Priestley fait exploser un mélange d'air et d'« air inflammable » à l'intérieur d'un récipient fermé et obtient de l'eau. L'air inflammable est un gaz inflammable produit en mélangeant des métaux dans des acides. En 1787, Lavoisier donne à l'air inflammable le nom d'« hydrogène », qui signifie en grec *producteur d'eau*.

Pendant plus de cent ans après la découverte de Priestley, les expériences se poursuivent afin de déterminer les densités et le ratio entre les poids atomiques de l'oxygène et de l'hydrogène. Par exemple : « Une quantité d'hydrogène fut pesée alors qu'elle était absorbée dans du palladium, une quantité d'oxygène fut pesée dans un globe [...]. Les deux gaz furent réunis par deux jets de platine enfermés dans un petit instrument de verre [...] et l'eau produite fut pesée. »[40] Dans la série d'expériences mentionnée ci-dessus, l'oxygène utilisé est produit en chauffant du chlorate de potassium, et l'hydrogène est obtenu par l'électrolyse d'acide sulfurique dilué.[41] Cela donne un premier aperçu de la façon dont l'eau peut se former au sein de la terre.

---

40. *On the Densities of Oxygen and Hydrogen, and on the Ratio of Their Atomic Weights*, Edward W. Morley, The Smithsonian Institution, 1895, p. 96.
41. *Idem*, p. 57 et 96.

L'eau est composée d'environ 89 % d'oxygène et 11 % d'hydrogène en terme de poids ou, plus précisément, 0,303 gramme d'hydrogène se combine avec 2,405 grammes d'oxygène pour former 2,708 g d'eau. Bien que les mélanges d'hydrogène et d'oxygène soient inertes à des températures ordinaires, la réaction de création d'eau devient perceptible lorsque la température augmente. À 300 °C, il faut plusieurs jours pour qu'une petite partie ait réagi et formé de la vapeur d'eau, alors qu'à 518 °C, il ne faut que quelques heures pour achever la réaction et, à 700 °C, la combinaison est presque instantanée. Si l'on introduit dans un mélange d'hydrogène et d'oxygène un corps chauffé au rouge ou une allumette enflammée, l'onde de combustion part du corps chaud et se propage immédiatement dans le mélange. Certains métaux finement fragmentés agissent comme un catalyseur, de sorte que, lorsqu'ils sont introduits dans un mélange d'hydrogène et d'oxygène, ils provoquent une explosion similaire.

Cependant, pour que l'hydrogène réagisse, il doit être à l'état atomique. Lorsqu'un mélange d'hydrogène et d'oxygène est enflammé, la chaleur du corps chaud est suffisante pour dissocier certaines des molécules d'hydrogène en atomes et certaines des molécules d'oxygène en atomes. La réaction entre les atomes est exothermique, c'est-à-dire que l'association de l'hydrogène et de l'oxygène en eau produit de la chaleur, et la chaleur ainsi libérée dissocie d'autres molécules en atomes, et ainsi de suite. Il s'agit d'une réaction en chaîne. Ces changements sont extrêmement rapides, de sorte que l'ensemble de la réaction se déroule avec une force explosive.

Les fondamentaux de l'eau

À 0 °C, l'eau devient de la glace solide et, à 100 °C, elle se transforme en un gaz appelé vapeur d'eau. Cette vapeur présente dans l'atmosphère nous protège des rayons brûlants du soleil. En fait, elle agit comme tout autre grande étendue d'eau : elle empêche les fluctuations extrêmes de température. L'étude de composés liés à l'eau montre que la température de congélation de l'eau pure devrait se situer à -150 °C et la température d'ébullition à -100 °C. Les températures de congélation et d'ébullition s'expliquent par la polymérisation de l'eau. Par polymérisation, on entend l'union chimique de deux ou plusieurs molécules d'un même composé pour former des molécules plus grandes, mais d'un poids moléculaire plus élevé. Cependant, plutôt qu'une simple énumération des propriétés de l'eau, il serait bien plus utile d'aborder le sujet qui nous occupe en se penchant sur ses principes fondamentaux.

Aujourd'hui, presque tout le monde sait que la molécule d'eau est formée de trois atomes, deux d'hydrogène (H) et un d'oxygène (O), et qu'elle est exprimée par le symbole H_2O.

Lorsque les atomes d'un même élément diffèrent par leur poids atomique, on parle d'isotopes de cet élément. Par exemple, il existe deux isotopes de l'hydrogène, le deutérium et le tritium. De même, il existe deux isotopes de l'oxygène, appelés ^{17}O et ^{18}O. Les différents isotopes d'un élément contiennent un nombre différent de neutrons dans leur noyau, de sorte que leurs propriétés chimiques et physiques sont identiques, à l'exception de celles qui sont déterminées par la masse de l'atome. Si la molécule d'eau peut être composée de différentes combinaisons d'hydrogène, d'oxygène et de leurs isotopes, la complexité augmente, car il existe alors dix-huit molécules d'eau différentes. Presque tous les éléments présents dans la nature sont des mélanges de plusieurs isotopes. Nous reviendrons plus tard sur les isotopes. Pour l'instant, revenons aux trois atomes, deux d'hydrogène (H) et un d'oxygène (O).

Ces trois atomes sont maintenus ensemble par deux liaisons chimiques, d'où H-O-H, qui est l'un des composés les plus simples. Cependant, plusieurs molécules d'eau sont maintenues ensemble par une liaison hydrogène qui est environ 6 % plus forte que la liaison chimique H-O. La liaison hydrogène résulte du fait que les électrons entourant le H attaché à l'O dans l'eau ne sont pas symétriques. Ainsi, il y a une séparation de charge ou de caractère polaire. En d'autres termes, en présence d'électrons externes et non-liants provenant d'autres molécules, H a tendance à augmenter la symétrie de son environnement en approchant une paire d'électrons en accord avec sa liaison chimique avec l'oxygène.

Les propriétés de l'eau se divisent en deux catégories : celles de la première dépendent de la rupture des liaisons chimiques entre les atomes H et O lors d'une action donnée, dissociant ainsi l'eau en ses deux gaz élémentaires, l'hydrogène et l'oxygène ; celles de la seconde laissent les molécules de H_2O intactes, mais rompent les liaisons hydrogène. Les changements chimiques au cours desquels les liaisons chimiques se rompent peuvent être illustrés par l'évolution de l'oxygène résultant de la photosynthèse, de la rouille du fer, de la formation d'argile dans les sols, ou encore du fractionnement du sucre de canne dans l'estomac. Les changements physiques au cours desquels les liaisons hydrogène se rompent peuvent être illustrés par la fonte de la glace, l'évaporation d'un réservoir, ou encore la résistance visqueuse à l'écoulement dans un cours d'eau ou un tuyau. L'évolution des gouttelettes d'eau en gouttelettes de pluie peut être attribuée à la liaison hydrogène. Le transport des sédiments dans une masse d'eau en mouvement est dû, en plus du mouvement de l'eau, à la liaison hydrogène.

À proximité du point de fusion de la glace, chaque molécule est associée à d'autres molécules, alors qu'au point d'ébullition, seules 42 % des molécules sont liées de la sorte.[42]

L'espace occupé par les molécules d'eau sous forme gazeuse est environ 1 200 fois plus grand que celui qu'elles occupent sous forme liquide. En d'autres termes, lorsqu'elles sont complètement vaporisées, les molécules d'une cuillère à café d'eau se transforment en 4 litres de vapeur d'eau. Pour convertir un centimètre cube d'eau à 100 °C sous pression atmosphérique en vapeur d'eau de la même température, il faut ajouter 538 calories. Ce besoin de chaleur varie de 574 calories à 40 °C jusqu'à 596 calories à 0 °C. Par conséquent, l'évaporation ne peut se produire en tant que processus continu que si elle reçoit de l'énergie d'une source extérieure. Cette chaleur latente de vaporisation doit être libérée chaque fois que la vapeur d'eau est condensée en eau.

Les propriétés de solvant de l'eau sont ce qui rend l'eau si importante dans la vie des plantes et des animaux. Ces propriétés de solvant sont de deux types, l'un et l'autre faisant de l'eau un liquide hors du commun.

Le premier type est la liaison hydrogène qui retient dans l'eau des composés (sucres, alcools, acide acétique et autres acides organiques, phosphates, nitrates, composés d'ammonium et de nombreuses autres substances comportant des atomes d'oxygène) participant au stockage et au transfert de l'énergie par une plante ou un ani-

42. *Nature*, 156, 15 septembre 1945, p. 236.

mal vivant. L'eau, par son action de solvant à liaison hydrogène, est le vecteur de transfert dans le liquide sanguin ou dans la sève des plantes.

Le second type dépend du fait que l'eau présente une forte séparation de charge électrique entre les atomes d'hydrogène et d'oxygène dans les molécules de H_2O. L'interaction des charges permet de maintenir en solution divers sels, comme le chlorure de sodium, dont l'homme a besoin pour l'acidité de son estomac et pour l'action du sérum sanguin. L'eau pure est légèrement dissociée, la séparation des charges dans quelques molécules est tellement parfaite qu'elle donne deux particules ou ions de charge opposée, H^+ et OH^-. H^+ est l'ion hydrogène ou l'ion des acides et OH est l'hydroxyle ou l'ion des bases. La séparation des charges dissout également les sels de potassium impliqués dans l'action musculaire, et de nombreux composés peuvent être scindés par l'eau pour former deux composés. Par exemple, le sucre de canne, en se divisant en parts égales de glucose et de fructose, consomme une molécule d'eau à cette occasion.

Stewart[43] étudie l'influence des ions en solution sur la structure liquide de l'eau. Il conclut que toutes les preuves expérimentales sont cohérentes et semblent souligner que la structure tétraédrique de l'eau change avec l'augmentation de la température, et que cette structure et ces changements sont à l'origine des caractéristiques uniques de l'eau.

Une vraie solution serait un processus endothermique : elle absorbe de la chaleur et la solubilité augmente à mesure que la température s'élève. À température ambiante, l'eau réagit rapidement avec les métaux actifs tels que le potassium, le sodium et le calcium, pour former l'hydroxyde du métal et libérer de l'hydrogène. À des températures plus élevées, elle réagit avec des métaux moins actifs, tels que le zinc ou le fer, pour former l'oxyde du métal et de l'hydrogène. À des températures supérieures au point critique de la vapeur d'eau, l'eau est un gaz et peut être fortement comprimée. Avec l'augmentation de la pression, la solubilité des silicates augmente dans un tel gaz supercritique.

La liste des métaux classés selon leur capacité respective à se subs-

---

43. G. W. Stewart, dans un document lu devant l'Académie nationale des sciences aux États-Unis, 13-16 octobre 1941.

tituer à l'hydrogène et entre eux est connue sous le nom de série électrochimique. L'activité fait référence à divers types de réactions impliquant les métaux, notamment le rôle des métaux dans le déplacement d'hydrogène provenant d'acides et d'eau. Plus un élément est situé au-dessus de l'hydrogène dans cette série, plus le déplacement est énergique. Les métaux situés en dessous de l'hydrogène dans la série ne le déplacent pas. Les métaux ayant un potentiel d'électrode négatif élevé se trouvent en tête de la série électrochimique.

La liste présente également l'ordre dans lequel les métaux se substituent les uns aux autres au niveau de leurs sels, un métal situé plus haut dans la série remplaçant ainsi un métal de rang inférieur. En général, un métal supplante n'importe quel autre élément dans un mélange si le premier se trouve au-dessus du second dans la série. Par exemple, le fer est au-dessus du cuivre dans la série, et si l'on place du fer métallique dans une solution de sulfate de cuivre, le cuivre est remplacé par le fer – le cuivre métallique est libéré et le fer se dissout. Les principaux métaux sont généralement classés dans l'ordre suivant :

potassium
strontium
calcium
sodium
magnésium
aluminium
manganèse
zinc
cadmium
fer
cobalt
nickel
étain
plomb
hydrogène
cuivre
mercure
argent
platine
or

La photosynthèse

L'eau joue un rôle essentiel dans la photosynthèse, processus par lequel l'énergie solaire est exploitée avant tout pour la vie des plantes, mais aussi pour la vie animale. La photosynthèse est l'inverse de la combustion : la lumière du soleil sur la plante verte brise les liaisons chimiques de l'eau, dissociant l'eau en ses gaz élémentaires, libérant l'oxygène et provoquant le transfert des atomes d'hydrogène de manière à former des hydrates de carbone. Les plantes vertes sont ainsi capables de synthétiser des composés organiques à partir de substances non organiques. Le phénomène de rupture des liaisons chimiques de l'eau au cours de la photosynthèse n'est connu que depuis que de l'oxygène lourd, isotopique ^{18}O, a été utilisé dans l'eau, car l'oxygène dégagé par la vie végétale au cours de ces expériences était ^{18}O.

Certains chercheurs sont allés encore plus loin et ont travaillé directement avec des chloroplastes isolés. Après avoir mentionné l'utilisation antérieure, par d'autres scientifiques, de l'^{18}O comme traceur pour démontrer que la scission de l'eau par la photosynthèse est la source de l'oxygène, ils déclarent : « Nous avons pu démontrer que l'oxygène dégagé par les chloroplastes isolés provient également de l'eau, ce qui est en accord avec la stœchiométrie de la réaction. »[44]

Dans la mesure où l'on pensait pendant de nombreuses années que l'oxygène dégagé était libéré à partir du dioxyde de carbone, les chercheurs introduisirent l'^{18}O soit dans l'eau, soit dans le dioxyde de carbone, afin de vérifier si l'oxygène dégagé provenait en partie du dioxyde de carbone. « Les résultats sont compatibles avec l'interprétation selon laquelle la totalité de l'oxygène est issue des molécules d'eau... »[45]

Nous pouvons constater que les plantes vertes mettent à la disposition de la vie animale de l'énergie solaire, qui est une ressource majeure, ainsi que le renouvellement constant des réserves vitales d'oxygène atmosphérique. La dissociation de l'eau par photosynthèse ne fournit pas seulement l'oxygène nécessaire à la vie animale, mais aussi l'hydrogène qui se combine au dioxyde de carbone, également absorbé par la plante, pour former la nourriture nécessaire à la croissance de

---

44. *Photosynthesis in Plants*, James Franck et Walter E. Loomis, Iowa State University Press, 1949, p. 278.
45. *Photosynthesis*, Robert Hill et C. p. Whittingham, John Wiley & Sons, 1955, p. 80.

la plante. En fin de compte, les hydrates de carbone des plantes sont la seule source d'aliments énergétiques pour toutes les formes de vie animale, y compris l'homme. Cependant, la dissociation de l'eau en ses deux gaz élémentaires soustrait de l'eau aux réserves de la terre. La quantité d'eau ainsi perdue nécessite la comptabilisation préalable d'autres données, mais avant de procéder à cette comptabilisation, il faut comprendre que la combustion, le processus de métabolisme de la vie animale et végétale, produit de l'eau. Toutefois, cela n'enlève rien à l'importance des calculs, car si l'eau métabolique produite par les plantes était égale à l'eau perdue par la photosynthèse, il n'y aurait pas de croissance.

Apparemment, un processus similaire d'extraction de l'hydrogène provenant de l'eau se produit dans les cellules animales. Les cellules remplacent leurs réserves de graisse par synthèse et synthétisent également de nouveaux acides. Il est évident, selon Downes,[46] que ces synthèses construisent les chaînes d'acide par l'utilisation d'un fragment à deux carbones et qu'environ la moitié de l'hydrogène contenu dans l'acide provient de l'eau du corps.

La perte d'eau par dissociation photochimique, etc.

Deux molécules d'eau sont nécessaires pour former une molécule d'O_2, et le ratio entre l'O_2 libéré et le CO_2 consommé est environ égal à 1.[47]

Selon Gordon Riley,[48] environ 146 milliards de tonnes de carbone sont retenues chaque année par les plantes, marines et terrestres confondues. En admettant cette hypothèse, les 146 milliards de tonnes annuelles de carbone sont produites par environ 535 milliards de tonnes de dioxyde de carbone. Si cette quantité est absorbée par les plantes chaque année, alors environ 535 milliards de tonnes d'O_2 sont libérées. Et 535 milliards de tonnes d'O_2 provenant de l'eau, libérées annuellement, représentent la destruction d'environ 600 milliards de tonnes d'eau chaque année, soit près d'un milliard et demi de mètres cubes par jour. La masse totale des océans, qui représente pour faire

---

46. *The Chemistry of Living Cells*, Helen R. Downes, Harper & Bros., 1955, pp. 390-1.
47. *Photosynthesis in Plants*, James Franck et Walter E. Loomis, Iowa State University Press, 1949, p. 54.
48. *The Carbon Metabolism and Photosynthetic Efficiency of the Earth as a Whole*, Gordon A. Riley, *American Scientist*, 32, 1944, p. 132.

simple l'hydrosphère de la terre, est de 14 060 géogrammes,[49] ce qui correspond à 1 405 x 10^{15} tonnes, soit 1 406 000 000 milliards de tonnes d'eau. Au rythme de 600 milliards de tonnes d'eau dissociées chaque année, il faudrait environ 2,33 millions d'années pour que toutes les eaux des océans soient épuisées. Si de l'eau nouvelle n'était pas produite dans les profondeurs de la terre et ajoutée aux réserves de surface, la terre serait à court d'eau depuis longtemps.

La petite quantité initiale d'oxygène présente dans l'atmosphère, explique Poole,[50] est le produit de la dissociation photochimique de la vapeur d'eau. L'atmosphère contient de la vapeur d'eau dans des proportions allant de 0,02 % à 4 % en poids. Cette teneur diminue rapidement avec l'altitude et varie en fonction de la latitude. À l'équateur, elle est de 2,63 % en volume ; à 50° de latitude nord, elle est de 0,92 %, et de seulement 0,22 % à 70° de latitude nord. La masse totale de vapeur d'eau dans la troposphère est estimée à 0,13 géogramme, soit 13 000 milliards de tonnes d'eau.

Nous pensons aujourd'hui qu'à haute altitude dans la troposphère, à environ 70 km au-dessus de la ceinture équatoriale, la vapeur d'eau est bombardée par les rayons cosmiques et dissociée en hydrogène et en oxygène. L'hydrogène, plus léger, s'échappe vers les couches supérieures de l'atmosphère et peut même se dissiper dans le vide. Kuiper[51] a soigneusement analysé cette dissociation photochimique de la vapeur d'eau dans la haute atmosphère. À partir de ses estimations de la production d'oxygène grâce à cette méthode, nous pouvons supposer que près de 2,5 millions de tonnes d'eau seraient dissociées chaque année, et qu'au cours des 4,5 milliards d'années d'existence de la Terre, plus de 11 x 10^{15} tonnes d'eau auraient été ainsi dissociées.

Il ne fait aucun doute que l'eau fixée par le processus de décomposition des roches, connu sous le nom de météorisation, avait momentanément quitté l'hydrosphère terrestre. L'ensemble comprend plusieurs phénomènes décomposant progressivement les roches solides en un amas de matière désagrégée. L'un des plus importants est l'eau

49. *Geochemistry*, Kalervo Rankama, et Th. G. Sahama, University of Chicago Press, 1950, p. 264.
50. *The Evolution of the Atmosphere*, J. H. J. Poole, *Scientific Proceedings of the Royal Dublin Society*, 36, 1941, p. 345.
51. *The Atmosphere of the Earth and Planets*, G. p. Kuiper et al., University of Chicago Press, 1952.

de pluie qui tombe sur la surface d'une roche et qui, en s'écoulant, dissout les minéraux de la roche ou la décompose et, au cours de ce processus, une partie de l'eau se fixe aux minéraux de la roche. « S'il n'y avait pas d'ajouts d'eau aux réserves atmosphériques et terrestres, affirme Tolman, la fixation de l'eau par météorisation finirait par épuiser les réserves d'eau de la Terre ».[52] Cependant, la quantité d'eau fixée par le processus de météorisation est estimée à environ 2,2 % de la quantité totale d'eau contenue dans l'hydrosphère terrestre, soit environ 30 000 billions de tonnes d'eau.[53]

La météorisation induite par l'homme, c'est-à-dire l'eau combinée chimiquement au ciment, au sable et au gravier pour faire du béton, ou combinée au plâtre, ne peut plus être utilisée par l'homme tant que ces matériaux ne sont pas décomposés. Lorsque le ciment est mélangé avec suffisamment d'eau pour former de la pâte, les composés du ciment réagissent avec l'eau pour former des produits cristallins et gélatineux. Ces produits adhèrent aux agrégats et entre eux. Le ratio eau-ciment est le facteur le plus déterminant quant à la résistance du béton. En d'autres termes, quelles que soient les quantités d'agrégats utilisés, pour autant qu'ils soient propres et de bonne qualité, et que le mélange soit plastique et facilement manipulable, la résistance du béton au bout d'un certain temps est essentiellement déterminée par la quantité d'eau utilisée pour chaque sac de ciment dans le mélange.

La production mondiale de ciment en 1956 a été estimée à 235 millions de tonnes. Cette quantité correspond à environ 4,5 milliards de sacs de ciment. Si l'on utilise un mélange relativement sec de 19 l par sac de ciment, environ 83 milliards de litres d'eau sont utilisés en un an. Seul un tiers environ de cette eau s'évapore, le reste entrant dans des combinaisons chimiques et n'étant donc plus utilisable par l'homme jusqu'à sa désintégration. Tout au long de l'histoire, l'homme a dû fixer, de cette manière, d'énormes quantités d'eau.

Des études récentes ont montré que la quantité totale d'eau du corps, en pourcentage du poids total du corps humain, est en moyenne de 77 % pour les nourrissons, 60 % pour les hommes adultes et 54 % pour les femmes adultes. Bien entendu, les différents tissus du corps contiennent des quantités d'eau différentes. Par exemple, le liquide

52. *Ground Water*, Cyrus F. Tolman, McGraw-Hill Book Co., 1937, p. 28.
53. Conversion des données transmises dans *Geochemistry*, Kalervo Rankama, et Th. G. Sahama, University of Chicago Press, 1950, p. 419.

céphalo-rachidien contient 99 % d'eau, le plasma sanguin ou sérum 92 %, la matière grise des tissus nerveux 85 %, la moelle épinière 75 %, les muscles 77 %, la peau 72 %, et ainsi de suite jusqu'à l'émail des dents qui contient 3 % d'eau. En moyenne, pour l'ensemble de la population, on considère généralement que l'eau dans le corps humain représente environ 60 % du poids total du corps.

Si l'on part du principe que le corps moyen pèse environ 45 kg, chaque corps moyen contient environ 27 kg d'eau, qui ne sont donc pas disponibles pour l'approvisionnement en eau. Selon les estimations actuelles, la population mondiale s'élève à 2,9 milliards d'habitants, ce qui signifie que 87 millions de tonnes d'eau sont stockées dans nos corps. L'augmentation annuelle de la population, estimée à 50 millions de personnes, retiendrait de la même manière un million et demi de tonnes d'eau supplémentaires chaque année. Si l'on prend l'exemple des plus grands animaux des États-Unis, leur nombre dépasse d'environ 20 millions la population humaine, et ils retiennent eux aussi de l'eau.

Tous les animaux se procurent de l'eau à partir de trois sources : (1) l'eau libre consommée, (2) l'eau contenue dans les aliments et (3) l'eau produite au cours du processus métabolique, connue sous le nom d'eau métabolique. Pour chaque gramme de graisse, d'amidon ou de protéine oxydée dans l'organisme, on estime que 1,07 ; 0,56 et 0,40 gramme d'eau sont respectivement produits. Il a également été démontré que dans leurs processus de synthèse, les cellules dissocient l'eau en ses gaz élémentaires.

Des eaux indisponibles ?

Dans presque tous les manuels modernes de minéralogie, la structure cristalline est la base de la classification des minéraux. Les roches cristallines contiennent de l'eau en quantités variables. Par exemple, la brucite en contient 31 %, la kernite 26,3 % et la chalcanthite 36,1 %. Arie Poldervaart[54] estime qu'il y a environ 22 000 x 10^{15} tonnes de roches cristallines dans la croûte terrestre et que la quantité totale d'eau qu'elles contiennent est probablement comprise entre 1 800 et 2 700 x 10^{15} tonnes, ce qui est supérieur aux 1 405 x 10^{15} tonnes d'eau

---

54. *Chemistry of the Earth's Crust*, Arie Poldervaart, *Crust of the Earth*, Arie Poldervaart, Special Paper 62, Société américaine de géologie, 15 juillet 1955, p. 132.

estimées dans l'hydrosphère terrestre. Horton[55] affirme que ces eaux de cristallisation ne concernent pas le domaine de l'hydrologie. Bien que ces eaux soient généralement considérées comme indisponibles, nous démontrerons qu'elles constituent une réserve potentielle.

L'eau, le minéral

H_2O est un minéral que Dana, l'un des plus grands minéralogistes au monde, appelle oxyde d'hydrogène. Il est communément admis que l'eau est un minéral. Les eaux du cycle hydrologique sont souvent appelées eaux naturelles. Rankama et Sahama ont déclaré que les eaux naturelles dans leurs différents états, liquide, gazeux ou solide, sont en fait des roches formées par l'eau minérale, H_2O.[56] Nous pouvons en déduire que toutes les eaux naturelles, c'est-à-dire celles du cycle hydrologique, sont formées par l'eau minérale qui trouve son origine dans les profondeurs de la terre, comme les autres minéraux précieux.

Washington,[57] se référant à la classification de l'eau dans les roches de Hillebrand, parle d'« hydrogène essentiel » et d'« hydrogène non-essentiel », selon que sa présence est nécessaire ou non à la constitution d'un minéral. Sachant que l'eau minérale, H_2O, naît de l'application de la chaleur ou d'un catalyseur à un mélange approprié d'hydrogène et d'oxygène, il convient également d'examiner la présence d'hydrogène et d'oxygène sous terre.

L'hydrogène

La majorité des astrophysiciens pensent que la chaîne de réaction proton-proton, ainsi que le cycle du carbone, sont responsables de la production d'énergie de la plupart des étoiles. Ils consomment tous deux de l'hydrogène, qui est l'élément le plus abondant dans les étoiles. En tant que source primaire d'énergie cosmique, la chaîne proton-proton est aujourd'hui considérée comme la plus importante, aboutissant à la synthèse d'un noyau d'hélium par la fusion de quatre protons d'hydrogène. On estime que 55 % de la masse totale du So-

55. *The Field, Scope, and Status of the Science of Hydrology*, Robert E. Horton, *Transactions of the American Geophysical Union*, XII, National Research Council, juin 1931, p. 190.
56. *Geochemistry*, Kalervo Rankama, et Th. G. Sahama, University of Chicago Press, 1950, p. 265.
57. *The Chemical Analysis of Rocks*, Henry S. Washington, John Wiley and Sons, 1930, p. 237.

leil est constituée d'hydrogène et que, par la chaîne proton-proton et le cycle du carbone, 4 millions de tonnes d'hydrogène solaire sont converties en énergie radiante chaque seconde et 560 millions de tonnes d'hydrogène solaire sont converties en 560 millions de tonnes d'hélium chaque seconde.

L'hydrogène est un élément présent dans la terre, dans les eaux sous et à la surface de la terre, dans l'atmosphère et dans la vie végétale et animale. L'hydrogène forme plus de composés que n'importe quel autre élément, y compris le carbone. Sous terre, l'hydrogène se trouve combiné dans des structures minérales, en tant que constituant de l'eau, et en tant qu'occlusion dans les métaux, comme indiqué ci-dessous :

1) L'hydrogène est combiné à l'oxygène pour former des groupes hydroxyles indépendants (OH). L'ion OH^- est un constituant essentiel de la structure et ne peut être enlevé sans que la structure ne s'effondre. L'hydroxyle remplace une partie de l'acide pour créer un sel basique, comme dans la malachite. Dans quelques minéraux, connus sous le nom d'hydroxydes, l'hydroxyle est présent à l'exclusion totale d'un acide, comme dans la brucite. Dans de rares cas, l'hydroxyle est présent sans base, comme dans la sassolite. Selon Winchell,[58] dans tous ces cas relatifs à l'hydroxyle, la décomposition des minéraux au cours de l'analyse produit de l'eau, même si la molécule d'eau en tant que telle n'est probablement pas présente dans la substance d'origine.

Le rôle de l'hydrogène dans les hydroxydes dépend de la taille du cation (ion chargé positivement) et de son pouvoir polarisant. Au fur et à mesure que la polarisation augmente, la liaison passe par trois étapes : d'abord une liaison ionique, puis une liaison hydroxyle et enfin une liaison hydrogène. Lorsque la polarisation est faible, l'ion OH^- conserve sa symétrie polaire lorsqu'il est lié à un cation, une liaison ionique se forme et l'hydroxyde est facilement soluble. Lorsque la polarisation augmente, l'oxygène binégatif subit une division tétraédrique de sorte que la charge négative de l'oxygène, dans un groupe hydroxyle, est attirée par la charge positive de l'hydrogène appartenant à un groupe hydroxyle voisin, formant ainsi une liaison hydroxyle. Lorsque la polarisation augmente encore jusqu'à une valence électrostatique supérieure à 1, une liaison hydrogène suffisamment faible

58. *Elements of Mineralogy*, Alexander N. Winchell, PrenticeHall, 1942, p. 186.

pour entraîner la formation d'un anion complexe soluble se forme.[59]

2) L'hydrogène est combiné à l'oxygène pour former des molécules d'eau qui sont présentes dans les minéraux sous forme d'« eau de cristallisation ». L'eau de cristallisation se trouve manifestement dans une certaine combinaison chimique avec les autres constituants présents, et l'expulsion de l'eau se produit à une température définie, avec l'absorption de la chaleur, accompagnée de la destruction de la structure cristalline. Le gypse, par exemple, contient deux molécules d'eau de cristallisation, dont les trois quarts peuvent être expulsés à 130 °C et le reste à 165 °C environ. Cependant, ses propriétés sont brusquement modifiées lorsqu'il perd son eau.

3) L'hydrogène est combiné à l'oxygène pour former des molécules d'eau, mais dans ce cas, les molécules d'eau ne sont que faiblement intégrées à la structure et peuvent être éliminées par chauffage sans endommager la structure ni altérer ses propriétés. La quantité d'eau présente est indéfinie, en fonction de la température et de la pression de vapeur, et elle n'est pas expulsée à une température précise, mais dans une large gamme de températures. Lors du refroidissement, en présence d'eau, le cristal reprend de l'eau et absorbe généralement plusieurs fois son propre volume.

4) L'hydrogène se présente sous la forme d'ions H^+ et H^- indépendants. Les premiers se trouvent, par exemple, dans certains sels minéraux et les seconds dans les hydrures. En ce qui concerne la croûte terrestre supérieure, ce mode d'apparition de l'hydrogène est plutôt rare.

5) Les roches contiennent également de l'hydrogène en tant que constituant de l'eau dans les inclusions et dans leurs pores.

6) Une quantité considérable d'hydrogène est produite dans les sédiments récents à la suite de la méthanisation de la matière organique.

7) La molécule H_2 possède deux protons qui peuvent tourner dans la même direction (on parle alors d'ortho-hydrogène) ou dans des directions opposées, l'un dans le sens des aiguilles d'une montre et l'autre dans le sens inverse (on dit alors para-hydrogène). À très basse température, la forme para-hydrogène prédomine, mais à mesure que la température augmente, le mélange s'enrichit en ortho-hydrogène

---

59. *Geochemistry*, Kalervo Rankama, et Th. G. Sahama, University of Chicago Press, 1950, pp. 239-240.

jusqu'à ce que le ratio ortho-para maximum de trois pour un soit atteint. Toutefois, les changements brusques de température n'entraînent pas de modifications rapides du rapport ortho-para, à moins qu'un bon catalyseur ortho-para, tel que les métaux platine et palladium, ne soit également présent. Le platine et le palladium, ainsi que plusieurs autres métaux, tels que le fer, l'or et quelques autres, ont la propriété d'occlure ou d'absorber de grands volumes d'hydrogène, et le palladium, par exemple, sous forme de poudre, adsorbe plus de huit cents fois son propre volume d'hydrogène.

8) Il y a plus de cent ans, le géologue français Boisse suggère que les météorites constituent un équivalent de la composition intérieure de la Terre. Aujourd'hui, en plus des connaissances issues de la géophysique, la composition chimique des météorites est encore prise en compte dans la formulation de la composition chimique terrestre et de ses différentes sphères géochimiques. L'hydrogène, le monoxyde de carbone et l'azote sont les gaz les plus abondants contenus dans les fers des météorites, et l'hydrogène, le monoxyde de carbone et le dioxyde de carbone sont les constituants gazeux les plus abondants des pierres des météorites.[60] Nous savons que le volume des gaz libérés par les météorites, lorsqu'elles sont chauffées, peut représenter jusqu'à soixante fois le volume du matériau chauffé.

Selon Daly,[61] il est tout à fait possible qu'une grande quantité d'hydrogène et d'autres gaz volatils aient été piégés à l'intérieur du corps gazeux condensé de la terre au cours de son évolution géochimique et que, par conséquent, la couche supérieure du noyau de fer de la terre puisse être relativement riche en hydrogène dissous et en autres gaz. Kuhn et Rittman proposèrent une théorie qui ne fut pas très bien reçue, selon laquelle l'intérieur de la Terre serait constitué de matière solaire comprimée, riche en hydrogène et en hélium, entourée d'une couche très riche en fer et en atomes lourds, et recouverte d'une croûte de silicates.

9) En 1815, Prout émet l'hypothèse que l'hydrogène serait une substance primordiale dont les autres éléments seraient des composés. Ce concept est basé sur le fait que les valeurs de poids atomiques des éléments, telles qu'elles sont connues à l'époque, sont à peu

60. *The Present Condition of Knowledge on the Composition of Meteorites*, George p. Merrill, *Proc. Am. Phil. Soc*, 55, 1926, p. 119.
61. *Meteorites and an Earth-Model*, Reginald A. Daly, *Bull. Société américaine de géologie*, 54, 1943, p. 401.

de choses près des multiples entiers du poids atomique de l'hydrogène. Selon Venable,[62] si les atomes chimiques sont composés d'atomes d'hydrogène ou contiennent des atomes d'hydrogène dans leur structure, il pourrait être possible de libérer de l'hydrogène, au moins temporairement, et celui-ci devrait apparaître dans les spectres émis par l'arc ou l'étincelle au cours de laquelle la dissociation s'est produite. Venable, à la suite de nombreuses recherches spectroscopiques, estime que le grand nombre de données qu'il apporte prouve indubitablement la contribution de l'hydrogène aux caractéristiques des spectres et que l'hydrogène est un produit de dissociation du lithium, de l'azote et de l'oxygène, mais pas du béryllium, du bore ou du carbone. Venable dit qu'au vu de l'abondance relative des éléments chimiques, il n'y a pas assez d'hydrogène dans la terre pour entrer dans les structures de tous les atomes chimiques qui ont besoin d'hydrogène et pour fournir de l'hydrogène dans tous les composés chimiques qui en contiennent. Pourtant, selon lui, cela s'explique par le fait que l'abondance relative des éléments chimiques n'indique pas directement l'abondance relative des sous-atomes dans lesquels ils peuvent être décomposés.[63]

L'oxygène

Nous vivons sur une terre oxygénée. L'essentiel de l'oxygène terrestre ne se trouve ni dans l'atmosphère ni dans l'hydrosphère, mais dans la croûte terrestre supérieure, appelée lithosphère supérieure. L'oxygène remplit plus des neuf dixièmes de l'espace occupé par les atomes dans les roches de la lithosphère supérieure, soit 91,83 % de son volume ou 46,42 % de son poids, sans eau.[64] En fait, l'oxygène est le seul anion (un ion chargé négativement) présent en quantité importante dans la lithosphère supérieure, alors que tous les autres éléments quantitativement importants se présentent sous la forme de cations (ions chargés positivement) ou forment des complexes anioniques avec l'oxygène. La teneur en oxygène est plus faible dans les roches basiques que dans les roches acides. Hors de la

62. *Hydrogen in Chemical Atoms*, William Mayo Venable, Markowitz, Haas, and Kopelman, 1950, pp. iv-v.
63. *Hydrogen in Chemical Atoms*, William Mayo Venable, Markowitz, Haas, and Kopelman, 1950, p. 101.
64. *Geochemistry*, Kalervo Rankama, et Th. G. Sahama, University of Chicago Press, 1950, p. 612.

croûte terrestre, l'oxygène est réparti à la fois dans l'atmosphère et dans l'hydrosphère. La quantité d'oxygène dans l'atmosphère ne représente qu'un millième de la quantité présente dans l'hydrosphère. L'oxygène représente environ 86 % de l'hydrosphère et seulement 23 % de l'atmosphère.

Une quantité fixe et immuable ?

Au début de ce chapitre, nous avons souligné que trop de personnes considèrent l'eau comme une quantité fixe et immuable. Il a été établi que l'eau est le produit de la combinaison chimique de l'hydrogène et de l'oxygène et qu'elle est également dissociée, par de nombreux processus, en ses deux gaz élémentaires lorsque ses liaisons chimiques sont rompues. Il est donc invraisemblable que, sur la base du concept selon lequel la matière ne peut être ni créée ni perdue, les affirmations suivantes puissent être faites : « L'eau est de la matière. Il y en a autant aujourd'hui qu'il y en a jamais eu, ni plus ni moins », ou encore, « Puisque, au sens strict, l'eau n'est jamais perdue, on pourrait dire… »[65]

Dans une démocratie, la tâche de tenir les citoyens informés est difficile, mais nécessaire et vitale pour la survie de cette démocratie. La League of Women Voters est une force constante et efficace pour maintenir nos citoyens en alerte, mais, malheureusement, en raison des complexités de la vie moderne et comme l'illustrent les citations susmentionnées, elle doit elle aussi s'en remettre aux experts.

Bertrand Russell explique ainsi comment quelqu'un peut conclure que l'eau est de la matière et qu'il y en a autant aujourd'hui qu'il y en a jamais eu :

> Tout d'abord, lorsqu'un ensemble d'événements sont tous conformes à une certaine loi, nous nous attendons à ce que d'autres événements similaires soient conformes à cette loi. Ensuite, lorsqu'un ensemble d'événements semble irrégulier, nous inventons des hypothèses pour le régulariser.[66]

---

65. *On the Water Front*, The League of Women Voters of the United States, Washington, D. C, mai 1957, p. 5.
66. *The Analysis of Matter*, Bertrand Russell, Dover Publications, 1954, p. 229.

Chapitre 3 – Eau Nouvelle

Le courage est une forme particulière de connaissance :
il permet de savoir comment craindre ce qu'il faut craindre
et ne pas craindre ce qu'il ne faut pas craindre.
David Ben-Gourion

Si de l'eau peut être détectée dans la terre dans des endroits que la science traditionnelle ignore, alors, à toutes fins utiles, cette eau peut être qualifiée de « nouvelle », quelle que soit son origine, car sinon elle n'aurait pas été obtenue. Young[67] a mentionné l'eau provenant de sources profondes qui monte jusqu'à ce qu'elle jaillisse d'une ouverture en surface ou que son mouvement ascendant soit stoppé par l'atteinte d'un équilibre et qu'elle alimente des fissures ou des systèmes de fissures. Oui, il est certain que si de l'eau trouve son origine dans la terre et que cette eau peut être captée dans des zones autres que celles exploitées grâce aux méthodes traditionnelles, il s'agit d'une eau « nouvelle ».

C'est peut-être à Aristote que l'on doit la théorie la plus ancienne de l'origine disant que l'eau viendrait de la terre elle-même. Son point de vue sur l'origine des sources et des rivières se trouve dans son ouvrage *Meteorologica*. Selon lui, l'eau qui s'écoule de la terre sous forme de sources se compose en partie d'eau de pluie qui s'est infiltrée dans la croûte terrestre, d'eau provenant de la condensation de l'air atmosphérique dans la terre et d'eau qui « monte » d'une source qu'il n'indique pas.

Bien que nous ayons appris à distinguer la vapeur d'eau de l'air, Kuenen,[68] un géologue néerlandais bien connu, affirme que la réalité du processus n'est pas remise en question, mais que la quantité d'eau souterraine formée par la condensation de l'air dans le sol est un point de désaccord. Il souligne que cette idée d'Aristote illustre le fait qu'une théorie peut être malmenée par le temps, car elle a connu une longue histoire d'acceptation, de rejet, de remise à neuf, puis d'abandon, pour être à nouveau admise il y a quelques dizaines d'années seulement.

---

67. *Elements of Mining*, George J. Young, quatrième édition, McGraw-Hill Book Co., 1946, p. 230.
68. *Realms of Water*, P. H. Kuenen, John Wiley and Sons, 1956.

Georgius Agricola, un savant du XVIᵉ siècle considéré comme le père de la minéralogie moderne, parle de deux types d'eaux souterraines. Le premier est constitué des eaux de surface qui ont percolé dans la terre et que l'on appelle aujourd'hui eaux météoriques, et le second est constitué des eaux qui proviennent de sources profondes situées à l'intérieur de la terre.[69]

Une autre figure emblématique de la théorie de l'eau juvénile est Edward Suess, dont le principal article sur le sujet est publié en 1902. Il décrit comment les étudiants des gisements de minerais sont passés de diverses théories obscures à une compréhension claire des fonctions importantes des eaux souterraines circulantes et, plus tard, se sont mis à croire à l'importance de la séparation magmatique, qui implique la séparation de l'eau et du magma, et au fait que cette eau est étroitement liée à la genèse des gisements métallifères.[70] Depuis Suess, de nombreux scientifiques de renom ont défendu cette théorie et ont également mis en évidence les preuves géologiques de la genèse de l'eau au sein de la terre. Ces preuves seront examinées plus tard.

Bien que des théories sur l'eau « nouvelle » existent depuis de nombreux siècles, la question importante qui se pose est la suivante : ces eaux peuvent-elles être repérées grâce à la connaissance scientifique et à un coût raisonnable ?

Piper, dans un article sur le problème de l'eau dans le pays, écrit :

> Les réservoirs d'eau souterraine contiennent la plus grande quantité d'eau douce stockée dans le pays : au total, cela représenterait plusieurs fois le volume estimé des Grands Lacs et peut-être aux alentours de dix ans de précipitations moyennes, ou environ 35 ans de ruissellement moyen. Ce stockage souterrain constitue l'accumulation naturelle de l'eau au cours des siècles. Une petite partie, et seulement une petite, est disponible pour l'homme.[71]

69. *The Birth and Development of the Geological Sciences*, Frank D. Adams, Williams and Wilkins Co., 1 938, pp. 325-6.
70. *Uber Heisse Quellen*, Edward Suess, Leipzig, Gesell, Deutsche Naturforscher u. Artze Verhandlungen, 1902. Traduit en partie par D. H. Newland, *Eng. and Min. Jour.*, 76, 11 juillet 1903, pp. 52-3.
71. *The Nation-Wide Water Situation*, Arthur M. Piper, *Subsurface Facilities of Water Management and Patterns of Supply – Type Area Studies*, Part IV of the Physical and

Piper ne dit pas comment de telles quantités d'eau sont apparues. Cependant, le point essentiel est que l'existence de ces énormes quantités d'eau, quelle qu'en soit la source, est reconnue, même si l'on pense que la majeure partie ne peut pas être utilisée par l'homme.

Ces quantités d'eau sont énormes. Si l'on tient compte d'une pluviométrie annuelle moyenne de 76 cm, cela représente environ 200 millions km^2 d'eau sous la surface des États-Unis. Si l'on calcule le ruissellement moyen à l'échelle nationale (la moyenne pour la période 1911-1945 était de 22 cm), cela représente également environ 200 millions km^2, soit plus de 57 millions de pétamètres cubes d'eau, ou encore 57 x 10^{15} m^3 d'eau. Au rythme actuel de consommation d'eau, on aurait de l'eau pendant plus de deux cents ans, et même avec la consommation quotidienne astronomique de 1,7 milliard de mètres cubes par jour, prévue par le *New York Times* d'ici 1975, on en aurait pendant plus de quatre-vingt-quinze ans.

Le coût de l'eau ne cesse d'augmenter, mais même au prix moyen payé au cours des huit dernières années par la ville de San Diego pour l'eau du fleuve Colorado, soit environ 28 dollars par hectare, les eaux souterraines des États-Unis vaudraient quelque 530 milliards de dollars. Si l'on prend le coût de Santa Barbara, soit environ 86 dollars l'hectare, ces eaux souterraines vaudraient 1 680 milliards de dollars.

Il semblerait donc raisonnable de dire que tout investissement dans la recherche se chiffrant en dizaines de millions de dollars serait plus que justifié si ces eaux, jusqu'ici « indisponibles », pouvaient être produites et mises à disposition à un prix abordable.

Si l'on répond par l'affirmative à la question précédente concernant la découverte d'eaux nouvelles grâce aux connaissances scientifiques, et si l'on affirme également que ces eaux peuvent être trouvées dans des régions où les eaux souterraines sont introuvables, il est certain que de nombreuses personnes diront que ces eaux « nouvelles » ne sont qu'une partie de l'accumulation faite par la nature au cours des siècles. Il se peut que les eaux stockées par la nature soient également mélangées à de l'eau météorique nouvellement ajoutée ainsi qu'à de l'eau nouvelle formée à l'intérieur de la Terre. À l'heure actuelle, personne n'est en mesure de déterminer le degré et l'étendue

Economic Foundation of Natural Resources, Interior and Insular Affairs Committee, House of Representatives, United States Congress, 1953, p. 15.

du mélange de ces eaux. Toutefois, il convient de tenir compte de ceci : lorsque l'on évalue les bénéfices qu'une solution à un problème particulièrement difficile peut apporter à l'humanité, on ne se soucie généralement pas du nom attribué à la solution. De même, si l'on se place du point de vue financier, on ne se préoccupe généralement pas du nom du produit tant qu'il rapporte de l'argent. Et il est certain qu'une méthode permettant de rendre disponible ce qui ne l'est pas vaudrait des millions.

Pourtant, d'un point de vue scientifique, ce raisonnement se heurte à une difficulté majeure. Ni les eaux « indisponibles » ni les eaux « nouvelles » ne peuvent être trouvées ou produites à un coût avantageux par la science moderne de l'hydrologie. En revanche, les eaux « nouvelles » peuvent être, ont été et sont détectées grâce à des méthodes scientifiques fondées sur la théorie selon laquelle la naissance de l'eau se produirait à l'intérieur de la Terre.

Une hypothèse devrait être reconnue, même si elle n'est pas prouvée sans l'ombre d'un doute, grâce à ses prédictions réussies. De plus, la recherche humaine, tout au long de l'histoire, a été guidée, fréquemment et à raison, par des hypothèses qui se sont révélées incorrectes par la suite. La théorie de la combustion du phlogiston en chimie, par exemple, était utile et communément acceptée au cours du XVIIIe siècle, mais a finalement été réfutée par Lavoisier. La théorie corpusculaire de la lumière, selon laquelle la lumière est constituée de minuscules corpuscules en mouvement rapide, n'a été abandonnée qu'au milieu du XIXe siècle. Cependant, lorsqu'elle fut abandonnée, elle le fut au profit de la théorie ondulatoire de la lumière qui avait été proposée pour la première fois près de deux cents ans auparavant, par Huygens, en 1673. Des recherches ultérieures ont cependant montré que tous les phénomènes lumineux peuvent être interprétés en termes de photons ou d'ondes, de sorte que les deux descriptions ne sont plus que deux façons différentes de voir une seule et même réalité.

Outre l'apparition prévisible d'eau nouvelle, dont il sera question plus loin, il y a également eu des apparitions accidentelles et naturelles de ce type d'eau.

Apparition naturelle

Aux États-Unis, selon Meinzer,[72] il y a sans doute des milliers de sources qui produisent 2 500 m³ d'eau ou plus par jour, des centaines qui produisent 25 000 m³ ou plus par jour, et soixante-cinq sources qui ont un rendement moyen de 250 000 m³ ou plus par jour. Parmi ces sources principales, dont le débit quotidien n'est pas inférieur à 250 000 m³, trente-sept jaillissent de roches volcaniques, une de graviers reposant sur des roches volcaniques peu profondes, vingt-quatre de calcaire et trois de grès. Les sources principales qui proviennent de roches volcaniques sont étroitement associées à des failles, et celles qui proviennent de grès se forment à partir de grandes fissures produites par des failles ou autre phénomène.

« Cette étude, dit Meinzer, montre que les fluctuations des principales sources de calcaire, que ce soit en Floride, au Missouri ou au Texas, sont en général beaucoup plus importantes et plus soudaines que celles des sources de roches volcaniques, que ce soit en Idaho, en Californie ou en Oregon. »[73] Meinzer constate également que l'eau de la plupart des grandes sources de roches volcaniques est particulièrement pauvre en matières minérales dissoutes. Voici quelques-unes des plus grandes sources qui prennent naissance dans des roches volcaniques et leurs débits respectifs :

Sources ou groupe de sources	Gallons par jour (en millions)
Source Sheep Bridge, Oregon	209
Sources Opal et voisinage	650
Sources sur les premiers 16 km de la rivière Metolius, Oregon	692
Sources sur 16 km de la rivière Fall, Californie	905
Sources Malade, Idaho	732
Les Mille Sources, Idaho	558
Sources sur 80 km de la rivière Snake, Idaho	3 787

---

72. *Large Springs in the United States*, Oscar E. Meinzer, *Water Supply Paper* 557, U. S. Geological Survey, 1927.
73. *Large Springs in the United States*, Oscar E. Meinzer, *Water Supply Paper* 557, U. S. Geological Survey, 1927, p. 7.

L'aire de drainage de la rivière Metolius est d'environ 840 km², et l'écoulement annuel moyen est de plus de 1,26 milliard, soit 148,59 cm d'épaisseur sur le bassin de drainage. Le bassin versant de la rivière Metolius ne représente que 3 % de celui de la Deschutes River, dont elle est un affluent, mais son écoulement moyen représente 24 % de celui de la Deschutes River. « En termes de profondeur de l'aire de drainage, l'écoulement annuel moyen du bassin de la rivière Metolius est 7,8 fois supérieur à celui de tout le bassin de la Deschutes River. Il dépasse probablement les précipitations annuelles moyennes sur l'aire de drainage. »[74]

En utilisant ces données, mais en ne regardant que les seize premiers kilomètres de la Metolius River, qui est longue d'environ 64 km, les sources produisent 2,62 millions m³ par jour, soit environ 956 millions m³ par an. Cela représente plus de 75 % du ruissellement annuel de l'ensemble de la Metolius River. L'aire de drainage pour les seize premiers kilomètres de la rivière, tout au plus, ne dépasserait pas 260 km². Si la profondeur de 148,5 cm sur l'ensemble de l'aire de drainage dépasse les précipitations annuelles moyennes, il devient évident que le rendement des sources, équivalent à environ 368 cm pour l'aire de drainage des seize premiers kilomètres, dépasse de loin les précipitations annuelles moyennes.

Parmi les douze principaux bassins de drainage des États-Unis, l'État de l'Oregon se trouve dans la région où le ratio entre le ruissellement et les précipitations est le plus élevé. En effet, le ruissellement représente environ 57 % des précipitations totales. Les 43 % restants sont issus de l'évaporation, de la transpiration et de l'infiltration dans le sous-sol.[75]

La Snake River, ainsi que ses affluents, les rivières Salmon, Boise, Payette et Clearwater, drainent environ 1,5 million de mètres carrés de territoire dans l'Idaho. Les sources de la Snake River, avec un débit journalier de plus de 14,3 millions de mètres cubes, sont estimées équivalentes aux eaux de ruissellement de 18 000 km². Les sources

---

74. *Runoff from Rain and Snow*, Arthur M. Piper, *Amer. Geophys. Union Trans.*, 29, 1948, p. 516.

75. *The Nation-Wide Water Situation*, Arthur M. Piper, *Subsurface Facilities of Water Management and Patterns of Supply – Type Area Studies*, Part IV of the Physical and Economic Foundation of Natural Resources, Interior and Insular Affairs Committee, House of Representatives, United States Congress, 1953, p. 5.

de la Snake River sont situées sur ce que l'on appelle le « Columbia Lava Plateau », qui englobe des parties de l'Idaho, de l'État de Washington et de l'Oregon. Il est intéressant de noter au passage que la lave, même si elle est assez froide pour que l'on puisse marcher dessus, renferme pourtant une chaleur énorme à quelques centimètres de profondeur seulement. Même douze ans après une éruption du Vésuve, on a vu de la vapeur s'échapper des évents de la lave et, en 1830, celle de l'Etna était encore fumante après une éruption survenue en 1787.

Apparition accidentelle

« Lors du forage de Tecolete, le chantier fut interrompu par des écoulements d'eau souterraine d'un débit de 34 m³/min. Les températures atteignaient 44 °C et l'humidité avoisinait souvent les 200 % au niveau de la tête de forage. »[76] Certaines de ces eaux étaient fraîches, d'autres chaudes et minéralisées. « Tecolete » fait référence au tunnel de Tecolete, qui traverse la chaîne de montagnes de Santa Ynez sur plus de 10 km pour acheminer l'eau du réservoir de Cachuma vers Santa Barbara, en Californie, et d'autres villes côtières. Les travaux de construction du tunnel de Tecolete commencèrent en janvier 1950. Il s'agissait de la première phase du Cachuma Water Project à avoir été lancée et de la dernière à avoir été achevée. Le Cachuma Water Project fut terminé au printemps 1957 pour un coût de 40 millions de dollars et, lorsqu'il fonctionnera à plein régime, il devrait fournir environ 30 000 acre-pieds[77] au prix de 35 dollars par acre-pied pour les villes côtières, et de 25 dollars par acre-pied pour les zones agricoles de la côte.

Une autre illustration récente d'une apparition accidentelle d'eau nouvelle se trouve de l'autre côté du continent, à New York. Dans le cadre d'un accord avec le New York's Department of Public Works, la société d'ingénieurs et d'entrepreneurs Psaty and Fuhrman commença la construction d'une annexe à l'hôpital Harlem sur un terrain de 40 par 53 m, à l'intersection de la Cinquième avenue et de la 136ᵉ rue.

Le 14 février 1956, après avoir creusé à presque 4 m sous le premier étage du bâtiment attenant à l'hôpital existant, de l'eau apparut et fut

---

76. *Santa Barbara's Liquid Asset is the Cachuma Water Project*, William T. Hopkins, Western City, octobre 1957, p. 51.
77. NdÉ : soit, 37 000 000 m³.

pompée à un taux supérieur à 8 m³/min, soit près de 12 millions de mètres cubes par jour. Lorsque ces eaux furent découvertes et que les pompes furent mises en marche, l'entrepreneur remarqua que le niveau de l'eau baissait dans toutes les zones de l'excavation, à l'exception de la zone ouest.

Des représentants de la société, des fonctionnaires de la ville et des ingénieurs consultants engagés par les deux parties tentèrent de trouver la source de l'eau et d'expliquer sa température. La température était un mystère, car pendant les mois de février et mars 1956, elle se maintint à 18 °C, puis elle augmenta progressivement jusqu'à la mi-août 1956, où elle atteignit 20 °C. Depuis lors, et jusqu'à l'arrêt du pompage sept mois plus tard, en mars, la température de l'eau resta relativement constante. En d'autres termes, quelle que fut la température de l'air, en été ou en hiver, la température de l'eau ne bougea pas.

Des tests effectués par le Department of Water, Gas and Electricity de la ville, prouvèrent que cette eau ne provenait pas des sources d'approvisionnement habituelles du secteur, le Croton Reservoir. De l'uranine, une substance verte, avait été déversée dans les égouts adjacents, mais aucune trace n'apparut dans l'eau pompée. Enfin, lorsque les chimistes de l'hôpital certifièrent que l'eau était fraîche, totalement exempte d'eaux usées et parfaitement potable, sans traitement ni chloration préalable, ils exclurent également la Harlem River située à proximité comme source potentielle à cause de sa pollution. Plus de 4,7 millions de mètres cubes d'eau furent pompés en treize mois. Les pompes continuèrent à fonctionner jusqu'à ce que douze étages d'acier de construction fussent érigés et plusieurs étages recouverts de dalles de béton. « Ce n'est qu'à ce moment-là que les ingénieurs décidèrent qu'il y avait suffisamment de poids pour maintenir les fondations contre la pression hydrostatique. »[78]

Plusieurs mois s'écoulèrent après la parution de cet article dans *Engineering News-Record*, et malgré le fait que l'article se termina sur un ton énigmatique, ne pouvant expliquer ni l'origine de l'énorme quantité d'eau ni sa température constante et élevée, aucun lecteur ne fit de commentaires. En réponse à un bref article envoyé, Salzman reçut une lettre du rédacteur en chef de l'*Engineering News-Record*

---

78. *Pumps and Weight Keep Hospital Out of Hot Water*, Engineering News-Record, 20 juin 1957, pp. 46-51.

stipulant : « Étant donné que les questions que vous avez abordées dépassent quelque peu les connaissances des membres de l'équipe actuelle, j'ai pris la liberté de demander à un certain nombre d'experts de mon entourage de me donner leur avis sur l'article. Cette lettre a pour but de vous informer que la plupart de nos consultants approuvent la publication de votre article, car il présente une théorie intéressante et peu abordée sur la reconstitution des réserves d'eau ».

Lorsque l'article de Salzman fut publié cinq mois après l'article initial, il comportait une note de l'éditeur qui disait notamment : « Il est surprenant qu'en dépit des efforts déployés par de nombreuses instances, la source du courant d'eau n'ait apparemment jamais été déterminée, et plus surprenant encore qu'aucun commentaire n'ait été envoyé à la rédaction sur les raisons possibles du courant et de son origine. Le tout premier commentaire de ce type est inclus dans le document suivant. »[79]

On peut lire dans le *New York City Folio of the Geologic Atlas of the United States* une déclaration intéressante : « L'approvisionnement municipal en eau pourrait bien être le facteur le plus décisif pour la création et la croissance d'une ville. La ville de New York, érigée sur une île rocheuse, n'est pas idéalement située pour capter et exploiter les cours d'eau de surface ». Dans cette publication, plusieurs puits creusés dans la roche sont mentionnés. Par exemple, en 1834, dans la Treizième rue, près de Broadway, un puits de plus de 30 m de profondeur produisait environ 80 m³ par jour, et à Broadway et Bleecker, un puits de 135 m de profondeur générait 167 m³ par jour.[80]

Pourtant, malgré le fait que la ville de New York souffre de pénuries d'eau, aucun effort n'a été fait depuis pour utiliser cette eau nouvelle. De toute évidence, 11 350 m³ par jour ne représentent en réalité qu'une goutte d'eau par rapport aux besoins en eau de la ville, mais au lieu d'être détournée et déversée dans les égouts pluviaux, cette eau aurait certainement pu être destinée à un usage spécifique. Ensuite, lorsque la construction avait suffisamment progressé pour que le pompage pût être interrompu, le cours d'eau fut bouché. On penserait pourtant que cette eau naturellement pure aurait pu servir à

---

79. *Where Does Groundwater Come From?*, Michael H. Salzman, *Engg. News-Record*, 28 novembre 1957, pp. 32-35.
80. *New York City Geologic Folio* No. 83, *Geologic Atlas of the United States*, U.S. Geological Survey, 1902, p. 18.

quelque chose. Il ne peut y avoir qu'une seule raison pour laquelle cette eau, malgré sa pureté et son débit constant, n'est pas utilisée : les nombreuses craintes qui lui sont associées. En effet, son existence ne peut pas être expliquée par la pratique hydrologique convention-nelle.

Ajoutons une dernière chose à propos de cette apparition d'eau dans la ville de New York : le *New York City Geologic Folio*, mentionné ci-dessus, indique qu'une dolomite sédimentaire de Stockbridge se trouve sous une fine couche de tillite, ou un dépôt sédimentaire loca-lement très mince. Cependant, la dolomite de Stockbridge est décrite comme étant grossièrement cristalline, contenant généralement du diopside et de la trémolite. Bateman affirme que le remplacement épi-génétique du calcaire est à l'origine de nombreuses dolomites et que, par conséquent, beaucoup d'entre elles ne sont pas sédimentaires.[81] Les solutions hydrothermales riches en magnésium qui entrent en contact avec le carbonate de calcium forment la dolomite. En outre, le diopside et la trémolite, souvent trouvés dans la dolomite, ne sont pas des produits de la météorisation de surface et ne sont pas asso-ciés à des roches sédimentaires. Ces deux minéraux se forment soit par dépôt hypothermique, soit par métamorphisme de contact, et le diopside peut également être formé par des pegmatites. Ces termes seront expliqués plus loin.

Outre les illustrations récentes d'apparition accidentelle d'eau nou-velle citées plus haut à Tecolete et dans la ville de New York, des expériences antérieures dans des puits de mine ont également révélé l'apparition d'eau nouvelle. De nombreux puits qui étaient secs à une profondeur intermédiaire se sont retrouvés inondés par une remon-tée d'eau nouvelle à une plus grande profondeur. La mine d'Eureka, au Nevada, exploitée par la Eureka Mining Co. Ltd, fut inondée il y a plus de dix ans et, aujourd'hui encore, pour poursuivre les opérations minières, 28 m^3 d'eau sont pompés par minute sur une profondeur de 550 m. Cela représente presque 40 900 m^3 d'eau par jour. La lé-gende sous la photographie sous-estime la situation lorsqu'elle dit : « La surabondance d'eau est un rare désagrément dans la région des bassins arides. »[82] La mine de Tombstone, en Arizona, fut inondée

81. *Economic Mineral Deposits*, Alan M. Bateman, 2e édition, John Wiley and Sons, 1950, p. 179.
82. *Ground-Water Regions of the United States – Their Storage Facilities*, Harold E.

par la montée d'eau nouvelle, et l'on se souvient qu'il n'y a pas si longtemps, il avait été décidé d'utiliser cette eau pour l'approvisionnement municipal.

Apparition prévisible

Dans le *Britannica 1957 Book of the Year*, qui couvre les événements de 1956, on trouve la déclaration suivante :

> Stephan Riess, de Californie, a formulé une théorie selon laquelle une « eau nouvelle », qui n'existait pas auparavant, se crée constamment à l'intérieur de la terre par la combinaison d'hydrogène et d'oxygène élémentaires, et que cette eau remonte à la surface et peut être détectée et exploitée pour constituer une nouvelle source d'approvisionnement régulière et ininterrompue.[83]

Une brève déclaration inédite de Stephan Riess datant de mars 1954 explique que l'on sait depuis un siècle que, dans des conditions particulières, certaines roches produisent des gaz d'hydrogène et d'oxygène qui se combinent ensuite pour former de l'eau nouvelle. Riess poursuit :

> Dans le cadre de l'extraction et de la récupération de l'or, une découverte accidentelle il y a de nombreuses années, m'amena à suspecter qu'une telle réaction de laboratoire puisse se produire à l'intérieur de la Terre. En plus des réactifs naturels présents séparément et combinés dans la roche, certaines conditions physiques, notamment en termes de température et de pression, étaient nécessaires. Cette approche élémentaire donna lieu à des années d'études comparatives, dans de nombreuses régions du monde, de différentes formations géologiques et des minéraux qu'elles contiennent, dans des mines de profondeur et de conditions physiques variables. En fin de compte, il fut établi que certaines conditions fondamentales, chimiques et géologiques, se produisant simultanément, étaient essentielles et

Thomas, Part III of the Physical and Economic Foundation of Natural Resources, Interior and Insular Affairs Committee, House of Representatives, United States Congress, 1952, p. 29.

83. *The Problem of Water*, Roscoe Fleming, *Britannica Book of the Year 1957*, Encyclopaedia Britannica, 1957, p. 21.

créaient effectivement de l'eau nouvelle dans la terre. À l'instar d'autres ressources naturelles terrestres, il fut donc établi que l'eau avait une genèse naturelle, scientifiquement expliquée, et qu'elle était prévisible. Bien que cette découverte puisse être utilisée concrètement, il reste encore beaucoup à apprendre pour perfectionner les techniques d'estimation de la qualité et de la quantité de l'eau, car chaque nouveau puits présente une nouvelle situation, dont l'exploitation vient enrichir notre savoir collectif. À l'heure actuelle, dans une région inexploitée, des dépenses considérables sont engagées pour analyser des roches en laboratoire afin d'obtenir des indications sur la localisation des zones de production souterraines non exposées.[84]

Riess appelle l'eau nouvelle qu'il trouve de l'eau « primaire » en raison de son association étroite avec les minéraux primaires. Selon Tarr, les gisements de minéraux primaires sont ceux qui sont formés par l'action magmatique directe. Tarr[85] affirme que la fission des magmas donne naissance, d'une part, aux roches ignées basiques et au groupe de minéraux accessoires qui les accompagnent, formés par la première cristallisation dans le magma et, d'autre part, aux roches ignées acides et à un second groupe de minéraux accessoires, formés par dépôt à partir des liqueurs résiduelles.

Hatch, Wells et Wells[86] divisent le refroidissement et la cristallisation d'un magma en plusieurs étapes, qui se basent largement sur la prédominance des rôles de la température et de la concentration des volatiles. Le premier stade, le stade orthomagmatique, explique la cristallisation de la plus grande partie des minéraux présents dans le cas d'une roche basique. Ces premiers minéraux pyrogénétiques comprennent la majorité des silicates que l'on trouve comme constituants primaires dans les roches basiques, c'est-à-dire les olivines, mais aussi la plupart des pyroxènes, les plagioclases calciques, etc. Le stade orthomagmatique est suivi du stade pegmatitique de cristallisation, puis des stades pneumatolytique et hydrothermal. Les stades pegmatitique, pneumatolytique et hydrothermal sont le résultat de

84. *Brief Statement of the Riess Discovery and Concept*, Stephan Riess, mars 1954, non publié.
85. *Introductory Economic Geology*, W. A. Tarr, McGraw-Hill Book Co., p. 31.
86. *The Petrology of the Igneous Rocks*, F. H. Hatch, A K. Wells, et M. K. Wells, Thomas Murby and Co., 1949, p. 164.

l'enrichissement progressif des volatiles dans les liqueurs résiduelles et de leur dépôts ; et l'eau est de loin le plus grand des volatiles.

Les gisements minéraux primaires sont classés comme syngénétiques, s'ils ont été formés en même temps que le substrat rocheux, et épigénétiques, s'ils ont été introduits ultérieurement dans une roche à partir d'une source extérieure. Les gisements de minerais magmatiques épigénétiques se composent de différents types de dépôts qui sont régis par les conditions variables que les liqueurs résiduelles ont rencontrées après leur passage dans les roches environnantes, telles que : la compatibilité ou l'incompatibilité de la roche encaissante, la température, la pression, et la présence ou l'absence de différents gaz. En d'autres termes, il y a dépôt lorsque les conditions physiques et chimiques entraînent la saturation d'une substance donnée.

Les différents types de gisements magmatiques épigénétiques sont les gisements de métamorphisme de contact, les pegmatites, les dépôts veineux profonds appelés gisements hypothermiques, les dépôts veineux intermédiaires appelés mésothermiques, les dépôts veineux peu profonds appelés gisements épithermiques, et les gisements de surface provenant de sources magmatiques. Les dépôts hypothermiques, mésothermiques et épithermiques sont tous des formes de dépôts hydrothermaux. Tous les gisements minéraux primaires sont par la suite et à terme soumis à une altération et à un vieillissement, ce qui donne lieu à de nouveaux gisements appelés gisements minéraux secondaires.

Ralph Arnold, éminent géologue qui fut honoré par de nombreuses universités prestigieuses, écrit que Riess a découvert que l'eau est créée dans des zones particulières de formations rocheuses où les conditions suivantes sont réunies :

1. La présence d'une combinaison assez importante de minéraux, dont certains apportent des quantités adéquates d'oxygène et d'autres préparent les minéraux contenant de l'oxygène à la dissociation de l'oxygène qu'ils contiennent.

2. La présence d'hydrogène à l'état « disponible ».

3. Des conditions géologiques nécessaires à la libération des deux éléments et au processus permettant leur combinaison pour former de l'eau.

Arnold est d'accord avec les conclusions de Riess selon lesquelles : « Ces conditions requises sont incertaines, mais pas rares et sont nécessairement, de par leur nature, toujours réunies en profondeur ».[87] Arnold déclare : « Une fracture ou une rupture naturelle, telle qu'une faille, ou une pénétration artificielle d'une zone potentielle d'eau initie le processus qui génère de l'eau. Les caractéristiques purement physiques de la masse rocheuse qui l'entoure n'a aucune influence sur les propriétés essentielles d'origine de l'eau, si ce n'est que la roche doit être fermement consolidée et d'une dureté raisonnable ».[88] Tout en sachant que ce sont les propriétés chimiques plutôt que physiques qui sont les plus influentes, les formations rocheuses plus denses et imperméables présentent tout de même les caractéristiques les plus déterminantes pour la formation éventuelle d'eau, ce qui est tout à fait contraire à ce qui serait exigé pour un emplacement de nappe phréatique météorique.

Avant d'examiner les récentes interventions de Riess pour extraire de l'eau primaire, il convient de rappeler la déclaration qu'il fait en 1954 : « Ma découverte a ensuite été testée sur le terrain en localisant et en forant de nombreux puits d'eau. À ce jour (1954), le bilan de ces « tests » est de 70 puits productifs sur 72 tentatives, tous forés dans des roches dures, tous situés dans des zones hostiles, généralement considérées comme inexploitables. » Il poursuit en disant que les taux de production varient de quelques centaines à environ 12 000 m³ par jour, les taux les plus élevés étant enregistrés dans les puits les plus récents, et que plusieurs des premiers puits n'ont jamais été achevés correctement en raison de moyens insuffisants et d'un manque de savoir-faire en matière de forage dans des roches dures.[89]

Simi Valley

À Simi Valley, dans le comté de Ventura, en Californie, plus d'une centaine de puits traditionnels ont été creusés mais, en raison d'un prélèvement d'eau plus important que le renouvellement naturel, l'aquifère de la vallée s'est rapidement épuisé. À des centaines de pieds[90] au-dessus de ces puits de la vallée, se trouvent trois puits

87. *Brief Statement on Primary Water Hydrology*, Stephan Riess, mars 1954, non publié.
88. Ralph Arnold, article non publié préparé en 1958.
89. *Brief Statement of the Riess Discovery and Concept*, Stephan Riess, mars 1954, non publié.
90. NdÉ : 100 pieds équivaut à 30,48 m.

d'eau primaire d'une capacité d'un peu moins de 3, 4 et 8 gallons par minute chacun. Produisant environ 20 400 m³ et d'une profondeur entre 122 et 244 mètres, ils sont situés dans une zone de moins d'un demi-hectare et forés près d'un petit dyke de diabase dans une monocline de grès éocène grossier inclinée vers le nord. Ils ont été testés sur une période d'un an au cours de ces cinq dernières années.

Russell George[91] déclare que les eaux magmatiques ou juvéniles, en raison de leur association étroite avec le magma, suivent et accompagnent le magma lorsqu'il est contraint de sortir de la terre sous forme de digues, de latholithes, de batholithes et de stocks.

Deux des trois puits de Riess sont inclus dans une étude réalisée pour la Atomic Energy Commission par l'Université de Californie à Los Angeles,[92] et dans un article publié dans le *Journal of the American Water Works Association* en juillet 1954.[93] Il est intéressant de noter que le nombre d'atomes de strontium pour mille atomes de calcium était inférieur dans l'eau primaire non traitée des puits de Riess au-dessus de la vallée du Simi à celui de nombreuses sources d'approvisionnement en eau non traitées ou traitées dans les cinquante villes étudiées. Ce rapport strontium/calcium est plus faible dans les puits de Riess que dans toutes les eaux échantillonnées des villes suivantes : Boise (Idaho), Boston (Massachusetts), Great Falls (Montana), Houston (Texas), Las Vegas (Nevada), Metropolitan Water District (Los Angeles, Californie), Aqueduc d'Owens Valley (Los Angeles, Californie), Miami (Floride), La Nouvelle-Orléans (Louisiane), Oklahoma City (Oklahoma), Omaha (Nebraska), Phoenix (Arizona), Portland (Oregon), St. Louis (Missouri), Salt Lake City (Utah), San Francisco (Californie) et Wichita (Kansas).

En outre, le ratio est plus faible dans les puits d'eau primaire que dans au moins un ou deux des trois échantillons prélevés dans les différentes sources d'approvisionnement en eau des villes suivantes : Atlanta (Georgie), Charlotte (Caroline du Nord), Dallas (Texas), Denver (Colorado), Kansas City (Missouri), Little Rock (Arkansas), Memphis (Tennessee), Norfolk (Virginie), Portland (Maine), Providence (Rhode

91. *Minerals and Rocks*, Russell D. George, D. Appleton-Century Co., 1943, p. 302.
92. Contract No. At-04-I-GEN-12, pour l'Atomic Energy Commission par l'Université de Californie à Los Angeles.
93. *Strontium and Calcium in Municipal Water Supplies*, George V. Alexander, Ralph E. Nusbaum et Norman S. MacDonald, *Journal of American Water Works Association*, 46, juillet 1954, pp. 643-54.

Island), Rapid City (Dakota du Sud), San Diego (Californie), et Washington (District of Columbia).[94]

Les échantillons d'eau des villes auxquelles l'eau primaire est comparée représentent les types d'eau suivants : eau souterraine brute, eau de surface brute, eau du robinet non traitée, eau du robinet provenant d'une eau souterraine traitée, eau du robinet provenant d'une eau de surface traitée et mélange d'eaux du robinet.

Dans certains cas, l'eau primaire contient de plus grandes quantités de calcium et, par conséquent, le rapport strontium-calcium est probablement inférieur pour l'eau primaire, même si la présence de strontium est sans doute identique ou même supérieure dans l'eau primaire. Toutefois, cet argument n'a pas de sens puisque cette situation ne se produit que dans six des seize villes du premier groupe comparé. En outre, le rapport indique qu'une réduction de la concentration en strontium accompagne l'élimination du calcium.[95] Il est donc avantageux d'avoir une quantité de calcium un peu plus élevée, à condition que sa présence ne dépasse pas les limites fixées pour une eau de haute qualité, et les eaux primaires dont il est question ici remplissent cette condition.

Ces puits primaires et la petite parcelle de terrain sur laquelle ils sont situés ont fait l'objet d'une certaine médiatisation lorsque, après des tests exhaustifs, ils furent achetés par Clinton W. Murchison de Dallas pour un million de dollars.[96]

Dans un chapitre suivant, il est fait référence à l'enquête du California State Water Resources Board sur le comté de Ventura, publiée en octobre 1953 et révisée en avril 1956. Pourtant, malgré la publicité faite autour des puits de Riess et la connaissance de leur existence par les administrations étatiques chargées de l'eau, aucune mention n'est faite, dans cette enquête exhaustive, détaillée et coûteuse, d'un approvisionnement équivalent à près de 21 000 m³ par jour. On ne peut s'empêcher de se demander pourquoi.

---

94. *Strontium and Calcium in Municipal Water Supplies*, George V. Alexander, Ralph E. Nusbaum et Norman S. MacDonald, *Journal of American Water Works Association*, 46, juillet 1954, pp. 646-50.

95. *Strontium and Calcium in Municipal Water Supplies*, George V. Alexander, Ralph E. Nusbaum et Norman S. MacDonald, *Journal of American Water Works Association*, 46, juillet 1954, p. 653.

96. « *New Water* » *Site Sells for $1 Million*, Kimmis Hendrick, *The Christian Science Monitor*, 26 septembre 1955.

Lakeside, comté de San Diego, Californie

Une lettre de Burton H. Arnds, président de Sparkletts Drinking Water Corporation, datée du 30 octobre 1956,[97] donne une description tout à fait appropriée. Arnds écrit notamment :

> Il y a quelques années, après avoir lu un article dans une publication nationale[98] vantant la théorie pas très orthodoxe de M. Steve Riess, qui fait émerger de l'eau potable dans des régions jusque-là considérées comme arides et dénuées d'espoir d'y obtenir plus qu'un filet d'eau, je voulus en savoir plus sur la théorie inhabituelle de M. Riess.

Après avoir mentionné ses visites aux puits de Riess au-dessus de Simi Valley, Arnds poursuit :

> Je fus tellement intrigué par ces résultats que je demandai à M. Riess d'étudier notre ranch situé à trois kilomètres au nord de Lakeside, dans le comté de San Diego, où nous avions foré huit trous, dont cinq ne produisaient pas d'eau et les trois autres produisaient peut-être un tiers de mètre cube environ par minute. Après avoir étudié le terrain, M. Riess sélectionna un emplacement sur lequel nous effectuâmes un carottage au diamant d'un trou de 8 cm, à la recherche d'une fissure rocheuse profondément enfouie qui, selon M. Riess, devrait nous fournir de l'eau ne provenant pas des précipitations ou des eaux d'écoulement. Le carottage de 8 cm commença au fond d'un puits de 20 cm sur 122 m. 91 m de carottage furent effectués dans du granite solide. Le trou de 20 cm fut complètement scellé et le carottier en diamant continua jusqu'à une profondeur d'environ 270 m où une crevasse de 45 à 50 cm fut atteinte et l'eau commença à remonter jusqu'à environ 6 m de la surface.

Arnds affirme :

> Ce puits produit constamment depuis dix mois environ 1 m³/ min d'une eau de qualité supérieure, avec un abaissement d'environ 18 m et aussi, comme prévu, une température légèrement supérieure à 21 °C.

97. Burton N. Arnds, Président de la Sparkletts Drinking Water Corp., Los Angeles, dans une lettre datée du 30 octobre 1956.
98. *Does He Get Water from Rock?*, Robert de Roos, Collier's, 4 février 1955.

La production du puits reste la même, mais ce qu'il est important de mentionner ici, c'est que le puits de 20 cm de diamètre, qui existait auparavant, fut foré à une profondeur de 122 m dans des structures rocheuses non consolidées, produisant peu ou pas d'eau, et que le forage fut arrêté avant d'atteindre les roches consolidées, ce qui est caractéristique des pratiques actuelles dans le domaine de l'hydrologie des eaux souterraines. Ce n'est qu'après avoir foré 150 m de plus que le trou précédent, dont 90 m à travers du granite solide, et avoir atteint une fissure, que l'eau fut produite. Comme dans tous les puits d'eau primaire, l'eau trouvée est soumise à une pression énorme et, dans ce cas, elle est suffisante pour faire remonter l'eau d'environ 268 m, soit à moins de 6 m de la surface.

Si un trou de plus grand diamètre avait été foré, un plus grand volume d'eau aurait pu être produit, mais la quantité nécessaire pouvait être satisfaite par le trou foré et il n'y avait donc pas lieu d'engager des dépenses supplémentaires pour un trou plus grand. En passant, il serait bon de souligner que le carottage au diamant peut être utilisé pour des trous de petit diamètre dans des structures rocheuses consolidées, mais qu'à l'heure actuelle, la réalisation d'un trou de grand diamètre dans ce genre de structures (50 cm, par exemple) imposerait le recours à l'ancienne méthode de carottage à câble, qui est loin d'être satisfaisante.

Three Rivers, comté de Tulare, Californie

Le *Visalia Times-Delta* du 20 juin 1957 et le *Fresno Bee*, Fresno, Californie, du 23 juin 1957, publièrent des articles sur l'emplacement d'un puits d'eau primaire que Riess fora dans le Double Dee Guest Ranch, à Three Rivers, appartenant à M. et Mme de Lespinasse et à Jack Garrity, qui l'exploitent.

Au printemps 1957, après que Riess eut repéré l'emplacement, la Continental Drilling Company de Los Angeles creusa avec une foreuse à diamant jusqu'à une profondeur de 134 m, dont 132 m à travers la roche solide. L'eau remonta à la surface. Le puits coule librement à raison de 38 l/min, à 28 °C et, si les propriétaires le souhaitaient, l'installation d'une pompe leur assurerait environ 380 l/min. L'article paru dans le *Fresno Bee* indique qu'un ingénieur séjournant au Double Dee, alors qu'il effectuait des tests de carottage pour le barrage Terminus, avait dit à Mme de Lespinasse qu'elle n'obtiendrait jamais d'eau à partir de la formation rocheuse choisie.

Selon l'article du *Visalia Times-Delta*, la pénurie d'eau dans la région de Three Rivers est souvent aiguë et de nombreux terrains constructibles n'ont pas été mis à profit à cause de l'impossibilité apparente de se procurer de l'eau en quantité suffisante. En réalité, Riess avait repéré deux sites de forage potentiels. Le second site, situé presque à la porte du Lodge, aurait suffi à approvisionner tout le village de Three Rivers en eau domestique, mais son aménagement aurait coûté environ 35 000 dollars. Les propriétaires du ranch ont toutefois choisi l'emplacement le moins coûteux, estimant qu'il fournirait suffisamment d'eau pour leurs besoins.

Dans une lettre datée du 19 juin 1957, Myna De Lespinasse écrit :

> Nous avons découvert une fissure à 134 m de profondeur dans le trou de carottage de 8 cm et l'eau déborda. Le grand public, les foreurs et les ingénieurs du gouvernement étaient venus me dire qu'il était insensé d'essayer de trouver de l'eau dans un granit solide comme celui-ci.

Mme De Lespinasse précise qu'outre le fait que l'eau coule comme un puits artésien, ils sont doublement satisfaits puisque l'eau est l'une des plus douces et des plus pures que l'on puisse trouver dans le monde. Elle termine sa lettre comme ceci :

> Sans eau, notre habitation serait une perte totale, car, sans elle, malgré notre situation géographique idéale, nos conditions d'accès, notre climat favorable et nos logements luxueux, tout cela serait inutile et sans valeur.

Un conte de deux cités

Un article de l'Associated Press du 28 mai 1958, concernant Coalinga, dans le comté de Fresno, en Californie, explique que cette petite ville est en train de planifier la première usine municipale de dessalement de l'eau aux États-Unis. « Coalinga a toujours eu beaucoup d'eau issue de puits », explique le maire Steele, « mais elle est trop salée pour être bue. Depuis 1900 environ, nous avons dû transporter de l'eau douce sur plus de 70 km par voie ferrée et les dépenses ont été très importantes. L'année dernière, la facture de transport d'eau de la ville s'est élevée à plus de 43 000 dollars pour un approvision-nement d'environ 64 m³ par jour. Ce coût récurrent est d'environ 6,90 dollars pour environ 3,80 m³ d'eau,[99] alors que le puits de Double Dee Guest Ranch, qui s'écoule au rythme de 38 l/min, soit 55 m³ par jour, ne coûte que 0,085 dollars pour 3,80 m³ si le coût du forage est amorti sur une période de dix ans.

Cette première usine municipale de dessalement de l'eau aux États-Unis est une usine électrique à membrane d'une capacité de 106 m³ par jour, construite par Ionics Inc. de Cambridge (Massachusetts). On estime qu'elle permettra à la ville d'économiser plus de 400 000 dollars au cours des dix premières années de son fonctionnement. Cela en vaut la peine, assurément. Cependant, de telles économies, basées sur 106 m³ d'eau par jour, signifieraient un coût pour la ville d'environ 2,98 $ pour 3,80 m³ d'eau. En fait, 106 m³ par jour équiva-lent à environ 74 l par minute.

L'autre petite ville, dans notre conte de deux cités, est Cottonwood, dans l'Idaho. Après dix ans d'efforts pour assurer un approvisionne-ment en eau suffisant et répondre aux besoins de la communauté, Cottonwood s'est retrouvée dans une situation dramatique. La ville était ruinée, elle avait foré sept puits d'une profondeur variant de 61 à 309 mètres, au cours de ces dix dernières années. Cinq d'entre eux étaient à sec et les deux autres fournissaient des quantités bien inférieures aux besoins de la ville. Les consultants et experts en eau de plusieurs organisations avaient déclaré qu'il n'y avait aucune pos-sibilité de production d'eau dans la région et avaient, en réalité, signé l'acte de décès de Cottonwood. Ainsi, à la fin de l'année 1955, on envisageait sérieusement d'abandonner la ville.

La situation semblait sans issue, mais quelqu'un lut que des puits d'eau primaire avaient été implantés avec succès dans d'autres zones sinistrées, et un appel fut donc lancé à Riess. Ayant entendu parler de la situation critique de la ville, et toujours prêt à démontrer sa science, Riess commença à étudier la région. Il repéra trois sites potentiels d'approvisionnement en eau primaire. Le forage commen-ça sur le premier site, trouvant de l'eau à une profondeur de 165 m, mais le forage se poursuivit jusqu'à 274 m où une fissure fut atteinte, et l'eau arriva alors à moins de 90 m de la surface. Le puits fut achevé

---

99. NdÉ : Par millier de gallon en anglais (1 000 gallons est environ égal à 3,80 m³).

en mars 1956, produisant un peu moins d'un mètre cube par minute. Depuis, le deuxième des trois sites a été foré avec succès et le troisième est en cours de forage. H. W. Simon, commissaire à l'eau de Cottonwood, affirme que la ville se développe et prospère grâce au travail que Stephan Riess réalisa pour elle.

Le coût de forage d'un trou de grand diamètre dans une roche solide est d'environ 50 $ par mètre. Ce coût, plus les autres coûts liés à la réalisation d'un tel puits jusqu'au stade de la production et de l'exploitation, et même en incluant ceux de repérage, s'élèvent à environ 40 000 $. Dans la mesure où de nombreux coûts peuvent varier légèrement, prenons 50 000 $ par précaution. Un rendement de 0,95 m^3/min représente 1 368 m^3 par jour, soit plus de 499 000 m^3 par an. Par conséquent, en se basant sur un coût total de 50 000 $ et en amortissant cet investissement sur une période de dix ou vingt ans, le coût de l'eau serait respectivement de moins de 0,01 $ et de 0,0052 $ par mètre cube. Même en amortissant le coût sur une période d'un an, on obtient un coût inférieur à 0,1 $ par mètre cube. Les coûts d'exploitation des pompes, ainsi que l'entretien et le remplacement requis, ajouteraient certainement un peu à ce prix, mais de façon relativement insignifiante.

Il s'agit d'un conte de deux cités, non seulement en raison de la comparaison évidente des coûts qui peut être faite, mais aussi pour une autre raison. La même personne qui avait repéré les sources d'eau nouvelles pour Cottonwood, empêchant ainsi la création d'une « ville fantôme » des temps modernes, avait proposé aux habitants de Coalinga de leur fournir toute l'eau dont ils avaient besoin, à raison de 0,05 $ par mètre cube, il y a une dizaine d'années. Au lieu de cela, ils payèrent jusqu'à 1,80 $ par mètre cube rien qu'en frais de transport, et ils vont maintenant exploiter un système de conversion d'eau saline qui leur fournira de l'eau à un coût au moins dix fois supérieur à celui de l'eau primaire qu'il est encore possible de trouver et d'exploiter dans les alentours de Coalinga.

En essayant d'imaginer comment une telle situation peut se produire, une seule possibilité se dégage clairement : étant donné l'avis expert d'hydrologues traditionnels des eaux souterraines, selon lequel la production d'eau est impossible et qu'il n'existe pas d'eau « nouvelle », combien de personnes auraient l'imagination, la foi et simplement assez de courage pour tenter le coup ? Lorsque la situation est jugée sans espoir, mais que les enjeux sont importants, certains osent essayer. Cependant lorsque d'autres solutions existent et que la situation n'est, en fin de compte, pas si désespérée, combien de personnes se lanceront ?

La petite ville de Craigmont, située à 34 km de Cottonwood sur l'autoroute 95, se trouvant dans une situation similaire de pénurie d'eau et, voyant le succès de Cottonwood, demanda également à Riess de trouver un puits d'eau primaire. Craigmont dispose désormais d'un puits performant à une profondeur de 277 m et les premiers essais de pompage indiquent un rendement de 3,80 à 7,60 m³/min d'une eau de très bonne qualité. Grangeville, qui se trouve également à proximité, est en train de forer un puits d'eau primaire identifié par Riess.

Avalon

La ville d'Avalon est située sur l'île de Santa Catalina, dans le comté de Los Angeles, en Californie. Située dans l'océan Pacifique, à 43 km au sud du port de Los Angeles (Wilmington), ses montagnes escarpées et pittoresques s'élèvent brusquement de l'océan jusqu'à une altitude maximale de 648 m, son point culminant étant le mont Orizaba. L'île s'étend sur 34 km de long et entre 800 m et 13 km de large, soit un total de 19 602 hectares, c'est-à-dire environ 196 km². Les précipitations moyennes mesurées dans la ville d'Avalon, qui se trouve au niveau de la mer depuis 1909, sont de 32,21 cm et, à mesure que l'altitude augmente, la quantité de précipitations sur l'île augmente de 1,64 cm à 2,60 cm par centaine de mètres. Presque toutes les précipitations ont lieu pendant les mois de novembre à mai. On dit qu'au cours des vingt dernières années, plus de quarante forages à sec ont été effectués sur l'île et que de nombreux experts en eau ont fini par conclure qu'il n'existait pas de source d'eau souterraine adéquate.

Le réseau de drainage de l'île est déterminé par la crête principale qui s'étend sur toute la longueur de l'île. Le plus grand bassin versant de l'île, celui de Middle Creek, a une superficie totale de 20,62 km² et se situe dans la partie centrale de l'île, au sud-ouest de la crête montagneuse. Les altitudes les plus élevées du bassin versant sont celles du mont Orizaba (648 m) et du mont Black (613 m). L'altitude la plus basse, à l'extrémité inférieure du réservoir de Middle Ranch, est de

195 m. L'approvisionnement en eau provient principalement des eaux de ruissellement contenues dans le réservoir et dans le bassin d'eau souterraine de la zone de drainage de Middle Creek. Le bassin en lui-même est rempli à une profondeur maximale de 18 m d'alluvions non-consolidées, allant du gravier à l'argile. Il existe quelques puits plus anciens près de la ville mais, il y a plusieurs années, ils ont été contaminés par biseau salé et sont devenus impropres à la consommation. Nous reviendrons sur l'un de ces anciens puits. La dernière étude sur le statut de l'eau de cette île fut réalisée en 1957 par un conseiller hydrologue, qui déclara : « Il n'existe aucune nappe phréatique profonde sur l'île. »[100]

La consommation d'eau au cours de l'année 1955-56 s'élève à 160 352 m³. Au cours de l'année 1956-57, en raison de faibles précipitations, la distribution d'eau pour la ville fut réduite de moitié, puis en janvier 1958, elle fut de nouveau divisée par deux.

D'un point de vue géologique, l'île Santa Catalina fait partie de la Continental Shelf and Island Province et, à l'intérieur de celle-ci, de la Southern Franciscan Island Province. La moitié de l'île est formée par des socles de schistes franciscains, une série de grès métamorphosés. Un quart est constitué de roches intrusives (du quartz-diorite-porphyre), et un quart de roches volcaniques. Le bassin lui-même est rempli de sédiments alluviaux non consolidés, allant du gravier à l'argile en passant par le sable, recouvrant la roche intrusive, le quartz-diorite-porphyre. « Dans la pratique, seules les alluvions contiennent de l'eau. »[101]

À moins d'1,5 km au sud de la ville d'Avalon et la surplombant d'environ 150 m, Riess repéra un site potentiel d'eau primaire. À peu près à la même altitude, mais à environ 2,5 km de la ville en direction du sud-ouest, un deuxième site fut retenu. Ces deux sites furent choisis pour produire de l'eau afin de répondre aux besoins actuels et futurs d'Avalon, et comme ils se trouvent à une altitude beaucoup plus élevée que la ville elle-même, la gravité permettrait d'y acheminer l'eau. Plusieurs autres sites potentiels furent sélectionnés dans d'autres parties de l'île pour répondre à des besoins différents.

---

100. *An Evaluation of Water Resources on Santa Catalina Island*, Heinrich H. Thiele, préparé pour la Santa Catalina Island Company, mars 1957, p. 3.
101. *Idem*, p.10.

Le premier site de forage choisi devait être le plus proche de la ville et le forage commença au milieu du mois d'avril 1958. Lorsque le trou fut foré à 58 m à travers de la roche solide, l'eau remonta à 5,50 m de la surface avec sa propre pression. Le forage se poursuivit et, à 181 m, une grande crevasse fut trouvée, ce qui posa problème, car plusieurs affaissements s'étaient produits dans la crevasse et, lorsque le niveau d'eau baissa dans le trou, il devint évident que de l'eau se perdait.

L'un des puits les plus anciens, plus proche de la ville et situé à une altitude beaucoup plus basse, ne pouvait jusqu'à présent être pompé plus de huit ou neuf heures consécutives sans que la salinité de l'eau n'augmente au point de la rendre inutilisable. Cependant, depuis que la perte d'eau fut constatée dans le trou du puits d'eau primaire, ce vieux puits fut pompé chaque fois que nécessaire, produisant environ 13 250 m³ par mois d'une eau convenable sans être obligé de fermer en raison d'une teneur en sel trop élevée.

Entre-temps, le forage du puits principal se poursuivit jusqu'à plus de 300 m et, à l'heure actuelle, l'eau stagne à 25 m de la surface. Des lignes électriques ont été tirées sur le site. Avant de déterminer le rendement exact de ce puits, il faut pomper l'eau pour nettoyer les cavités de la fissure, puis déterminer la profondeur à laquelle la pompe submersible doit être installée. Il n'y a peut-être pas de nappes profondes sur l'île Santa Catalina, mais il y a de nombreux sites potentiels d'eau primaire. Il est intéressant de noter que ce trou, foré à environ 150 m sous le niveau de la mer, contient néanmoins de l'eau potable de bonne qualité ayant une température d'environ 21 °C.

Région de la mer de Salton

L'État de Californie alloua 6 millions de dollars à l'amélioration et au développement du Salton Sea State Park. Cette région est fortement alcaline et l'eau exploitable y est rare. Sur un site de 178 hectares, à côté de zones où des puits avaient été forés pour trouver des eaux excessivement alcalines, Riess localisa et fora un puits d'eau primaire. En mai 1957, le puits fut terminé et les essais de pompage sur une longue période révèlent un rendement de près de 11,40 m³/min avec une profondeur de 15,50 m. De l'eau fut trouvée dès 61 m de profondeur, le forage fut achevé à 122 m et le niveau statique de l'eau est à 27 m de la surface. La température est de 28 °C.

Désert de Mojave

Le désert de Mojave est un désert d'altitude qui, à l'exception des quelque 1 300 km² de la Vallée de la Mort (Death Valley) en dessous du niveau de la mer, a une altitude comprise entre 600 et 1 520 m. Les maigres précipitations du désert de Mojave varient entre 3,60 et 13 cm par an et tombent principalement en hiver et au printemps. Il y existe de nombreuses preuves de l'existence d'un volcanisme de grande ampleur à une époque pas si lointaine. À Little Lake et près d'Amboy, on trouve des cônes de cendres bien formés, des cratères symétriques et des coulées de lave. Dans une petite zone située au nord-ouest de Kelso, on dénombre plus de vingt cônes de cendres symétriques.

En 1957, un puits installé par Riess produisant beaucoup d'eau est achevé et bouché en attendant les besoins futurs d'un groupe de développement privé qui avait acquis environ 32 370 hectares, appartenant désormais au groupement de sociétés California City dirigé par N. K. Mendelsohn. Les sociétés de California City jugent alors nécessaire de réexaminer et vérifier les conclusions de Riess quant à la disponibilité d'eau en grande quantité dans des fissures rocheuses, dans le cadre d'une enquête plus large visant à déterminer l'inventaire total de l'eau dans la région. Au début de 1958, Mendelsohn engage O. R. Angelillo, un ingénieur civil agréé possédant une expérience très diversifiée dans de nombreux domaines de l'ingénierie, pour rédiger un rapport sur toutes les ressources en eau exploitables de façon rentable.

Le *Mojave Deep Water Report* d'O. R. Angelillo,[102] daté du 20 janvier 1959, est principalement constitué de 52 tableaux qui détaillent toutes les preuves étayant ses conclusions. Il s'agit d'analyses chimiques de roches, d'échantillons d'eau et de carottes de forage, de relevés de précipitations de la chaîne de montagnes de la Sierra Nevada et du désert de Mojave, de l'analyse de gaz dissous dans l'eau prélevée dans les puits de Riess, qui montre clairement que cette eau n'a pas percolé dans le sol, de la mesure de traces mineures permettant une identification plus précise de la source de l'eau, et de l'utilisation de plusieurs autres mesures inédites et précises. Angelillo s'est

---

102. News story, *Los Angeles Mirror News*, 22 janvier 1959; Déclaration préparée par Max D. Gould du California City Development Co. et approuvée par O. R. Angelillo.

entretenu avec les Drs Hugo Benioff, Charles F. Richter et Richard F. Jahns du California Institute of Technology, ainsi qu'avec le Dr Thomas W. Dibblee Jr. de l'Institut d'études géologiques des États-Unis et avec Walter Hopkins du Forest Service. La découverte la plus marquante de ce rapport est l'existence de la faille de Mendelsohn, qui relie la célèbre faille de Lockhart à la faille de Sierra Nevada, et qui permet aux eaux du manteau neigeux des Sierras de s'écouler sous le désert de Mojave.

Le 29 janvier 1959, Riess publie une déclaration sur le *Mojave Deep Water Report* d'O. R. Angelillo. Il est important pour ce qui suit qu'une partie de cette déclaration soit mentionnée ici. Riess indique qu'il a mis au point une technique d'interception de l'eau provenant d'aquifères situés dans des fissures rocheuses, sur la base d'un examen du terrain et de tests pétrographiques et cristallographiques en laboratoire. Il est la seule personne soutenant que la recherche d'eau dans des aquifères de fissures rocheuses peut être effectuée avec une probabilité élevée de réussite à avoir été publiquement identifiée, sur une période de plusieurs années et dans un nombre important de régions. Riess souligne notamment que :

> En parallèle de la recherche et de la localisation d'eaux profondes issues de fissures rocheuses, je fus également impressionné par un ensemble de données et d'observations géologiques concernant la genèse de l'eau dans la zone d'écoulement rocheux, souvent appelée eau nouvelle, primaire, juvénile ou reconstituée. Au cours de la longue expérience de recherche de terrain et de forage que je mentionnai, j'ai trouvé des raisons de croire que, dans de nombreux cas, la chimie de ces eaux profondes issues de fissures rocheuses, souvent très différente de celle des eaux de formations alluviales ou sédimentaires, révèle que cette eau nouvelle ou reconstituée est un mélange.

Selon notre définition précédente de « l'eau nouvelle » comme étant une eau qui n'est pas détectée par les méthodes hydrologiques traditionnelles des eaux souterraines, l'eau de fissure serait incluse dans cette définition. Il est évident que certaines eaux de fissures peuvent provenir d'eaux météoriques, tandis que d'autres proviennent de sources primaires à l'intérieur de la Terre elle-même, et il est alors très probable que les eaux de fissures résultent d'un mélange entre ces eaux primaires et ces eaux météoriques.

Désert du Néguev, Israël

Dans le désert du Néguev, en Israël, un trou de 50 cm de diamètre fut creusé sur un chantier mené par Riess, à travers une roche solide. Le forage fut lent, pénible et fastidieux, mais de l'eau fut trouvée à 48 m sous la surface. Le forage se poursuivit à des profondeurs plus importantes jusqu'à ce qu'une grande fissure soit atteinte.

Riess rencontra le Premier ministre Ben Gourion et ses conseillers, ainsi qu'un groupe d'éminents géologues israéliens. À propos de ces réunions, Riess déclara : « Les géologues étaient opposés à mes théories sur l'exploitation de l'eau, mais après une longue séance de discussion, ils reconnurent que la proposition avait du sens. » Dans une lettre datée du 18 mars 1958, Arie Isseroff, géologue en chef des eaux en Israël, écrit : « Je crois que c'est aussi l'avis de M. Riess que j'exprime lorsque je dis que nous avons constaté une proximité frappante de nos points de vue sur tout ce qui concerne la responsabilité du scientifique, et en particulier celle de l'hydrogéologue, dans l'élévation du niveau de vie et le développement productif du bien-être mondial. » Isseroff poursuit : « En tant que géologue chargé de la recherche d'eau dans les zones arides, je suis pleinement conscient des limites de nos méthodes orthodoxes en matière de prospection géohydrologique et je suis très impressionné par l'aperçu que j'ai eu des nouvelles méthodes proposées par M. Riess. Reconnaissant les possibilités inexplorées qui peuvent s'ouvrir devant nous en appliquant ces méthodes, j'ai décidé, avec le soutien de mes supérieurs, de coopérer avec M. Riess pour la recherche d'eaux primaires dans nos zones arides. »[103]

Pendant son voyage retour vers les États-Unis, Riess répond à des invitations de visite des bureaux de la FAO des Nations Unies à Rome, et de l'État pontifical pour une audience privée avec feu le Pape.

Des articles parus dans le *Jerusalem Post* du 25 et du 29 mai 1959 estiment que la quantité d'eau du puits de Riess serait suffisante pour une ville d'au moins 100 000 habitants, avec de l'eau pour le secteur

---

103. Arie Isseroff, Water Planning for Israel, Ltd., dans une lettre datée du 18 mars 1958.

industriel, l'air conditionné, les parcs et les jardins, et une douzaine de villages prospères en plus. Après analyse, les premiers échantillons d'eau révélèrent une proportion de minéraux dissous bien inférieure à celle que les Eilatis ont l'habitude de boire : seulement 500 parties pour un million au lieu des 3 000 parties pour un million dans l'eau des puits existants.

Cette description est publiée dans l'article de Meir Ben-Dov du 29 mai :

> Le site qu'ils ont choisi se trouve à l'endroit où une fissure de 5 m de large, parcourant verticalement la montagne, est traversée perpendiculairement par une fissure similaire d'à peine 20 cm de diamètre. En entrant en éruption, les entrailles de la terre ont rempli ces fissures avec l'intrusion ignée d'une roche brune tachetée, douce et savonneuse, appelée gabbro.

> La foreuse progressa lentement vers le bas, alternant entre intrusion ignée et granite, au fur et à mesure que la fissure dans les roches serpentait vers le bas. Cependant, les effondrements de roche et les coincements des pièces de forage dépassaient les compétences de l'équipe israélienne, et c'est pourquoi Scott est revenu cette année pour diriger les travaux jusqu'à la fin.

Il est fait mention de James G. Scott, ingénieur remarquablement compétent et collaborateur de longue date de Riess, qui supervise uniquement les opérations de forage des puits de Riess posant des problèmes de forage considérables. Seules les personnes qui le côtoient de près peuvent se faire une idée précise de la polyvalence et de l'ingéniosité de Scott, ainsi que des problèmes auxquels il doit faire face.

Autres puits récents

En 1953, Riess creusa un puits dans l'Independence Valley, à environ 90 km au nord-ouest d'Elko, dans le Nevada, qui produit 4,50 m³/min.

Dans la chaîne de montagnes de Santa Ynez, où la découverte accidentelle d'eau nouvelle s'est produite dans le tunnel de Tecolete, Riess repéra de l'eau dans une fissure à une profondeur de 493 m, qui fut acheminée à travers un tubage de 20 cm jusqu'à moins de 6 m de la surface.

Dans la section de Pacific Palisades de la ville de Los Angeles, à une altitude supérieure à celle des lignes d'approvisionnement en eau de la ville, Riess localisa deux puits d'eau primaire d'excellente qualité.

Aujourd'hui, il est engagé dans la localisation d'eau primaire dans le cadre d'un contrat de cinq ans avec le San Bernardino Valley Municipal Water District, qui comprend plusieurs villes, dont la plus importante est San Bernardino, en Californie, avec une population de plus de 90 000 habitants.

A. E. Nordenskiold

Des recherches approfondies dans la littérature hydrologique ne m'avaient pas permis de trouver un prédécesseur à la méthode Riess, qui consiste à localiser l'eau en interceptant des fissures dans la roche solide. Linus Pauling me surprit en me disant que les succès de Riess lui rappelaient le minéralogiste suédois Nordenskiold, qui fut nominé pour le prix Nobel pour avoir réussi à détecter de l'eau douce dans les roches solides.

J'étais ravi qu'un éventuel antécédent vienne d'être trouvé. La recherche sur Nordenskiold s'avéra une expérience passionnante, dans la mesure où je tentais frénétiquement de déterminer si la ressemblance avec Riess s'apparentait à une véritable équivalence. Outre les documents trouvés sur place, j'entretins une correspondance avec la fondation Nobel et l'Académie suédoise des sciences.

Adolf Erik Nordenskiold est né à Helsingfors (aujourd'hui Helsinki), en Finlande, le 18 novembre 1832. Il est le fils de Nils Gustav Nordenskiold, minéralogiste, voyageur et directeur des mines en Finlande. De 1853 à 1857, Adolf se rend à Berlin où il fait des recherches sur l'analyse des minéraux dans le laboratoire de Rose. Il s'installe ensuite à Stockholm, où il est nommé professeur de minéralogie en 1858. Plus tard, il devient un célèbre explorateur en Arctique et est nommé chevalier par le roi pour ses explorations.

La nomination de Nordenskiold, proposée par le Dr P. E. Sidenbladh, membre de la l'Académie suédoise des sciences, est fondée sur sa capacité à trouver de l'eau potable en forant à travers des roches solides pour atteindre des fissures rocheuses. Nordenskiold décède le 12 août 1901, avant que l'Académie des sciences ne se réunisse pour attribuer les prix, de sorte que sa candidature ne fut jamais vraiment concrétisée.[104]

On peut affirmer, tout comme la déclaration de Gorman concernant le rapport publié par les deux médecins indiens, qu'un article de Nordenskiold, s'il était présenté à un public d'hydrologues des eaux souterraines, serait également salué comme quelque chose de nouveau, quelque chose qu'ils n'avaient pas étudié, qu'ils n'avaient pas appliqué et dont ils n'avaient pas même connaissance, malgré le fait que cet article ait été publié en 1896 et qu'il ait été à l'origine de sa nomination pour le premier prix Nobel de physique.

Nordenskiold repéra et fora 31 puits dans les roches primaires ou primitives de Scandinavie et trouva à chaque fois la fissure qu'il cherchait. Toutes les fissures, sauf une, contenaient de l'eau, la seule exception ne contenant que de l'argile. À la lumière des travaux de Riess, il est intéressant de lire le récit de Nordenskiold, même si les fissures qu'il découvrit se trouvaient à une trentaine de mètres sous la surface, ce qui est assez peu profond par rapport à celles localisées par Riess. Néanmoins, de nombreuses expériences de Nordenskiold présentent des similitudes avec celles de Riess, et l'eau trouvée par l'un et l'autre constitue une eau potable de grande qualité. Voici l'article de Nordenskiold :[105]

Du forage de l'eau dans les roches primaires
Par A. E. Nordenskiold

Les forages dans nos roches primaires pour l'approvisionnement en eau se poursuivent depuis maintenant deux ans, au cours desquels vingt-huit puits furent exploités. Il serait peut-être judicieux de présenter à notre association de géologie un examen des résultats obtenus et de donner ainsi à ses membres l'occasion de vérifier l'exactitude des hypothèses sur lesquelles ce travail est basé, ainsi que la légitimité des conclusions que j'en ai tirées.

---

104. *Who was Who, 1897-1916*, The Macmillan Co., 1919, p. 528; *Nobel, The Man and His Prizes*, édité par la fondation Nobel, The University of Oklahoma Press, 1951, p. 406; Lettre de l'Académie suédoise des sciences datée du 31 décembre 1958.
105. *Om borrningar efter vatten i urberget*, A. E. Nordenskiold, *Geologiska Foreningens i Stockholm Forhandlingar*, 173, 1896, pp. 269-285, traduit en anglais par Michael H. Salzman.

Il ne s'agit pas ici d'une simple question de succès plus ou moins grand dans le forage de l'eau, mais d'un principe tout à fait nouveau en géologie, non seulement d'une importance énorme d'un point de vue hygiénique et économique, mais aussi d'une importance théorique considérable, capable de corriger la conception théorique de la géologie. Concrètement, selon cette conception, il doit exister une grande différence entre la roche primaire, dans laquelle toute formation a cessé depuis longtemps, et la roche primaire à l'intérieur de laquelle une circulation perpétuelle d'eau a lieu. On y observe continuellement un phénomène, certes lent, de déplacement de strates et la formation nouvelle non seulement de calcite, mais aussi de quartz, de feldspath, de prehnite, d'augite, de pegmatite et d'autres silicates. Au sens figuré, cela permet de concilier cette roche primaire morte depuis un million ou quarante millions d'années avec l'autre roche primaire, d'une vitalité et dans une transformation au jour le jour.

Je souhaite évoquer les difficultés et les questions qui entourent la première tentative de forage pour obtenir de l'eau potable sur les différentes îles rocheuses ou de petite taille sur lesquelles se trouvent les phares et les stations de pilotage près de la côte. À cet égard, je me souviens d'une remarque de mon père, Nils Nordenskiold, ancien chef des mines en Finlande, décédé en 1866, selon laquelle l'eau salée ne pénétrait pas dans les mines de fer situées près de la côte finlandaise et au-dessous du niveau de la mer, bien qu'il y ait toujours eu, plus ou moins, ce que les mineurs appellent de l'eau mauvaise. Je pus observer cela par moi-même au cours des années 1861 et 1864 lors d'une expédition au Spitzberg, au cours de laquelle je tombai sur une strate tertiaire complètement pliée et retournée, reposant sur un permocarbonstratum parfaitement horizontal. J'ai reporté cette observation dans *Sketch of the Geology of Spitsbergen* de la manière suivante :

> Les strates de calcaire montagneux, qui alternent dans le détroit de Hinlopen avec des roches plutoniques, sont presque horizontales, mais les lits tertiaires de Kings Bay et du cap Staratschin sont, au contraire, bien pliés, bien qu'aucune roche éruptive n'ait pu être découverte dans les environs, à l'exception d'une petite veine de diabase au cap Staratschin. Il doit donc y avoir une autre raison pour que le pli se produise à

ces endroits, et il me semble que l'on accorda généralement trop d'importance à l'influence des masses éruptives en relation avec le pli, le soulèvement et la dislocation que l'on observe presque partout dans l'écorce terrestre. Comme c'est le cas pour d'innombrables autres phénomènes géologiques, ceux-ci résultent très probablement moins d'une révolution soudaine que d'une force presque imperceptible, mais néanmoins continuellement active. La partie supérieure de l'écorce terrestre est naturellement soumise à des variations périodiques de température qui, à Stockholm, par exemple, à une profondeur de 21 à 24 m, s'élèvent à 0,01 °C. Si l'écorce terrestre était continue et, si le changement de volume provoqué par ces variations de température ne dépassait pas les limites d'élasticité de la roche, elles n'exerceraient aucune influence perturbatrice. Cependant, comme il existe dans toutes les montagnes des fissures et des fentes plus ou moins importantes, celles-ci s'élargissent lorsque la température est basse, mais se rétrécissent dès que la température s'élève. Si toutefois, comme c'est souvent le cas, les fissures, une fois élargies par une température plus basse, sont remplies de sédiments par des phénomènes chimiques ou mécaniques, une puissante pression latérale s'ensuivra naturellement lorsque la température s'élèvera à nouveau et élargira la roche ; ainsi, chaque variation de température provoquera une légère dislocation des strates. Si l'on considère que ce mécanisme opère d'année en année, dans la même direction, et que le mouvement extensif de plusieurs centaines de kilomètres de croûte terrestre ne peut provoquer des plis qu'en un point étroit où la résistance est minimale, il ne faut pas s'étonner de trouver même la formation la plus récente déjà retournée, alors que les formations anciennes situées à proximité peuvent être tout à fait intactes.

Après réflexion, cette description semble correcte et, par conséquent, une fissure de translation horizontale devrait généralement se produire dans chaque espèce de roche solide à une profondeur relativement faible sous la surface de la Terre. Il est probable que ces fissures transportent de l'eau. Si c'est le cas, dans notre roche primaire, on devrait également pouvoir obtenir de l'eau par le biais d'un forage jusqu'à ces fissures. Cependant, quelle est la qualité de cette eau sur les promontoires et les îles qui bordent une côte, les seuls endroits où il est possible de tenter un tel forage ? C'est la question qui se pose à l'occasion d'une telle entreprise. En 1885, j'avais déjà cherché à obtenir des données supplémentaires avant de me prononcer sur la faisabilité d'un tel projet, lorsque plusieurs particuliers et autorités privés enquêtèrent conjointement sur la salinité de l'eau des puits et des mines situés à proximité de la côte. Je reçus à cette occasion des informations très précieuses. Le géomètre minier Anton Sjogren écrivit ce qui suit dans une note du 30 septembre 1885 :

Les mines suivantes ont atteint les profondeurs approximatives indiquées sous le niveau de la mer :

	Nombre de mètres sous le niveau de la mer
Finnmossen	15
Taberg i Vermland	90
Nordmarken	15
Uto	120
Dannemora, Mellanfaltgruvan	192
Dannemora, Sodra faltgrufvan	180
Bersbo, Atvidaberg	390
Mormorsgrufvan, Atvidaberg	300
Falu grufva	222
Kallmora grufva vid Norberg	15
Sala	270

En ce qui concerne les questions sur la salinité de l'eau des mines, j'ai toujours connu l'eau de nos mines de fer comme n'étant pas salée. Dans votre lettre, vous demandez si l'eau de mine contient les sels que l'on trouve dans l'eau de mer. Je pense que nous pouvons convenir que ce n'est pas le cas.

Le lord-lieutenant C. Nordenfalk fait savoir que de nombreux puits découverts en Hallandia (dans des couches sédimentaires) à proximité du littoral donnent de l'eau non salée, bien qu'elle provienne d'une profondeur de 30 à 75 m au-dessous du niveau de la mer. Un puits foré lui aussi dans une couche sédimentaire meuble, sur la place de Jungsbacka, produit une eau abondante à 3 ou 4 m au-dessus du niveau de la mer, mais cette eau est salée. Pour conclure, ces questions sont abordées et discutées dans *Geologiska Foreningan* (*se dess forhandl*, 1891, s. 13, 143 och 296).

Grâce aux informations ainsi obtenues, même si elles ne sont que peu décisives, selon lesquelles l'eau qui pourrait être obtenue en profondeur par forage dans notre archipel rocheux ne serait pas de l'eau de mer dépourvue d'eau douce potable, je propose au chef du service de pilotage du Board of Admiralty de l'époque qu'une station de pilotage judicieusement située autorise la réalisation d'une tentative de forage à un endroit précis.

C'est pour cette raison que le premier forage d'eau dans de la roche primaire est effectué en 1891 sur le petit Svangen, au sud de Kosterfjordan. Le forage est abandonné avant d'atteindre une profondeur suffisante parce que l'on pense qu'une fissure venant de la mer s'étend jusqu'au trou du puits. L'emplacement du forage n'a pas été choisi par une personne compétente pour en juger, et les travaux ne sont pas supervisés, si je ne m'abuse, par quelqu'un qui croit à une possible réussite. D'où l'abandon vraisemblablement précipité des travaux.

Après cela, la question reste en suspens et sans suite pendant quelques années. Elle est abandonnée jusqu'à ce qu'elle soit reprise par le directeur général du service des pilotes, le baron Ruuth qui, sans tenir compte de l'échec du forage près de Svangen, accepte d'effectuer une nouvelle tentative de forage à Arko, près de Braviken. Les artisans nivellent le site de forage,[106] directement à proximité de la station de pilotage, située sur la corniche rocheuse d'une colline à quelques mètres au-dessus de la mer. La roche est composée de gneiss hornblende et de diorite. Le résultat est particulièrement favorable, puisque peu après avoir atteint une profondeur de 35,50 m, 450 l/heure d'eau de première qualité sont produits. Le trou de forage a un diamètre de 64 mm. Les fissures transportant l'eau se trouvent à 32-33 m de profondeur sous l'ouverture.[107] Au début, l'eau est un peu

---

106. Pour cela, j'ai visité l'endroit, au début du mois de mai 1894, en compagnie du géologue Svenonius, du diplômé G. Nordenkiold et du directeur Casselli.
107. L'eau a toujours été trouvée à une profondeur de 30 à 35 m (généralement 32-33) sous la surface de la roche, mais le forage se poursuit généralement quelques mètres sous les fissures contenant de l'eau, que les foreurs reconnaissent parce que la roche

jaunâtre, étant mélangée à la poussière de forage et avec la boue des fissures, mais après un court laps de temps, elle devient parfaitement claire, et la quantité d'eau augmente.

La possibilité de la présence de cours d'eau dans de la roche primaire étant entièrement prouvée, et certaines difficultés étant évitées grâce à l'amélioration de la technologie de forage mise au point pour forer au-delà du sable dans nos mines, la Diamond Rock Drilling Company reçoit des commandes pour le forage de nouveaux puits. Les forages pour trouver de l'eau dans de la roche primaire sont exécutés et réussis par cet auteur dans les endroits suivants, qui sont présentés ici dans l'ordre chronologique.

1. Arko. Espèces de gneiss, gneiss à hornblende, etc. Profondeur du puits 35,50 m. Diamètre 64 mm. Les fissures aquifères furent atteintes, comme dans la plupart des puits, à une profondeur d'environ 32 m. L'eau est abondante et de bonne qualité, mais encore un peu calcaire. Cette eau est utilisée pour des usages communs d'eau potable et de cuisine de toutes sortes, non seulement par la population proche de la station pilote, mais aussi par des navires qui mouillent à proximité de la station pilote.

2. Stockholm, Saltsjobaden. Gneiss mélangé à du granite. Profondeur du puits 35,50 m. Diamètre 64 mm. Approvisionnement abondant en eau de bonne qualité. L'utilisation de la dynamite à proximité de l'entrée du puits provoque l'apparition de crevasses en surface qui pourraient acheminer des saletés jusqu'au puits. Température 4-7 °C.

3. Stockholm, Cap Tacka. Profondeur 35,50 m dans le granite dur de Stockholm. Diamètre 64 mm. Eau abondante. L'eau est toujours mélangée à de l'argile jaune et possiblement polluée par de l'eau boueuse provenant d'une parcelle de jardin adjacente. Un dynamitage important fut empêché par le nettoyage du puits. Néanmoins, après plusieurs jours de pompage à l'aide d'une pompe à vapeur, il devrait donner une bonne eau. Température 7 à 8 °C.

---

y est « en miettes ». À quelques endroits, à mon insu, le forage s'est poursuivi « par curiosité » jusqu'à une profondeur considérable. Aucune augmentation de l'approvisionnement en eau n'a jamais été obtenue de cette manière. Au contraire, ce forage sous les fissures aquifères présente l'inconvénient de pomper une quantité d'eau sale qui est ensuite difficile à éliminer. Les efforts pour augmenter l'approvisionnement en eau par le dynamitage n'ont pas été couronnés de succès, peut-être parce que les tirs de dynamite furent effectués dans des lits trop profonds sous les fissures aquifères.

4. Dalbyo, au sud de Hallsviken. Diamètre du puits 64 mm ; profondeur 35 m. Diorite et gneiss à hornblende. La fissure d'acheminement de l'eau se trouve à 32 m de profondeur. Les puits qui ont longtemps donné une eau légèrement jaunâtre, un peu salée et avec un film d'huile apparent, sont maintenant incolores et limpides : la meilleure eau potable que l'homme puisse souhaiter. Température 7,5-7,8 °C.

5. Chantier Ryby au sud de Linkoping. Ici, on avait auparavant creusé un puits de 23,30 m de profondeur dans le gneiss, qui ne donnait toujours pas d'eau. À partir du fond du puits, l'on fore d'abord jusqu'à 24,30 m avec une tête de forage de 64 mm, puis 6,50 m plus bas avec une tête de forage de 35 mm. À 7 m sous le fond du puits de 64 mm, donc à une profondeur de 31,30 m sous la surface de la roche, nous trouvons de l'eau. C'est une bonne eau, mais seulement 1 675 l/jour. Elle est utilisée à bon escient pour le lavage du beurre dans une crémerie.

6. Stockholm, Aktiebolaget Separators gard a Kungsholmen. Nous avons tenté un forage à partir du fond d'un puits de 27 m dans le granit de Stockholm. À 8,50 m de profondeur, nous atteignons une fissure d'acheminement de l'eau, qui fournit 15 000 l/jour. Il fut question d'utiliser l'eau pour alimenter une machine à vapeur, mais elle fut jugée trop calcique.

7. Trollhattan I. Roches constituées de gneiss avec des couches de pegmatite, variant avec des schistes à hornblende. Puits de 39,70 m. La fissure contenant de l'eau est trouvée à cette profondeur. Diamètre 64 mm. Eau abondante, limpide, agréable à boire, contenant 35 parties de composants solides pour 100 000. Température 8 °C.

8. Smogen, sur une île de l'archipel du Bohuslans. Les roches sont constituées d'un granit rouge qui remonte régulièrement à la verticale. L'ouverture du puits est située à 5 m au-dessus du niveau de la mer. La fissure transportant de l'eau se trouve à une profondeur de 35,40 m. À cette profondeur, les fissures se croisent entre elles. Des fissures moins abondantes sont trouvées à 10,50, 14 et 19 m de profondeur. L'approvisionnement en eau est suffisant, mais elle est encore un peu salée.

9. Marstrand. L'ouverture du puits est située à 8 m au-dessus du niveau de la mer. Le puits est foré à une profondeur de 44 m dans un gneiss riche en micas. La fissure transportant l'eau fut magnifique-

ment trouvée, comme les puits précédents. L'alimentation en eau est de 600 l/heure. L'eau est de première qualité et elle s'élève à 3,50 m au-dessus de la roche.

10. Stenungso, près de la côte de Bohuslan. Les roches sont principalement du gneiss. Ouverture du puits à 10 m au-dessus du niveau de la mer, à environ 25 m de la plage. Profondeur 45 m. Le puits est creusé comme d'habitude, bien en dessous de la fissure où l'eau circule. Le débit n'est pas particulièrement abondant (60 l/heure). Cependant, l'eau, de très bonne qualité, est totalement dépourvue de sel.

11. Koön, au milieu de Marstrand. Les mêmes roches que celles qui se trouvent près de Marstrand. Le puits est creusé à une profondeur de 50 m, mais la quantité d'eau qui en sort est négligeable. La fissure horizontale habituelle, qui est ici très épaisse, est entièrement remplie d'argile.

12. Trollhattan II. Dans la cave du pharmacien. Une eau de la même qualité et à peu près la même quantité que celle obtenue dans le forage Trollhattan I. La profondeur du puits est de 36 m. Le diamètre est de 64 mm.

13. Trollhattan III. Le puits est situé à environ 12 m de Trollhattan II et est similaire. L'eau y est prélevée grâce à une petite machine à vapeur. Il délivre une eau de la même quantité et de la même fraîcheur que celle des deux puits précédemment cités à Trollhattan.

14. Hango. Le puits a une longueur de 49 m et un diamètre de 64 mm. La fissure transportant de l'eau se trouve, comme d'habitude, à environ 32 m. Le puits produit au moins 500 l/heure. Au début, l'eau est fortement encrassée par les poussières de forage, l'huile de la machine de forage et l'eau de rinçage de la pompe. Cependant, le puits gagne considérablement en qualité après avoir fonctionné et été pompé à plusieurs reprises lors de son utilisation intensive pendant la sécheresse de l'été 1896. L'eau se révèle être parfaitement propre, impeccable en somme. La quantité est d'au moins 1 000 l/heure. Température 6,9 °C.

15. Stockholm, Vinterviken. Les roches sont principalement du gneiss. Le puits est creusé bien en dessous de la fissure contenant de l'eau, qui est atteinte à la profondeur habituelle. Un tir de dynamite de 3 kg est déclenché en-dessous, ce qui permet d'augmenter la quantité

d'eau qui était déjà très importante. L'eau est bonne, mais elle fut longtemps teintée par l'argile de la fissure.

16. Dannemora : Haglosa. Le forage commence au fond d'un puits de 4,50 m de profondeur et se poursuit jusqu'à une profondeur de 21,30 m. Diamètre de 64 mm. Les roches : pétrosilex (variété de *hornstein*). Puits abondant en eau qui, au début est, comme c'est souvent le cas, encrassé par de l'argile et de la poussière de forage. Après le nettoyage de la pompe, l'eau s'améliore considérablement et est maintenue aux normes.

17-19. Tolkis holme près de Borga, en Finlande. Trois puits à 19, 35,50 et 36,50 m pour obtenir de l'eau à des fins de fabrication sont ici forés dans un gneiss granitique. Diamètre de 64 mm. La quantité d'eau est insuffisante pour les besoins de la fabrication, mais pourquoi abandonner les puits sans nettoyer convenablement les pompes ? Les propriétaires se sont affolés à tort à cause d'une analyse qui montre 85 parties de constituants solides, dont 17 parties de chlore pour 100 000. En continuant à pomper pour résoudre ce problème, qui est en soi assez inquiétant, la quantité de résidus aurait considérablement diminué. Le chlore est, bien entendu, combiné au sodium sous forme de chlorure de sodium. Le goût est imperceptible et la quantité de cet élément n'est pas le moins du monde nuisible à la santé.

20. Bokedalen, près de Goteborg. Un puits de 64 mm, creusé à une profondeur de 30 m dans le gneiss, fournit une grande quantité d'eau. L'eau déborde de l'ouverture du puits. Elle est légèrement ferreuse. Le pourcentage de fer diminue tout de même progressivement et l'eau devrait par la suite être tout à fait convenable.

21. Hufvudskar à Ostersjon. Foré dans le gneiss jusqu'à une profondeur de 53 m, sans pour autant obtenir une plus grande quantité d'eau que celle obtenue à environ 32 m de profondeur. Le débit n'est que de 60 l/heure, mais il devrait augmenter progressivement. Aujourd'hui encore, l'eau est tout à fait suffisante pour les besoins de la station pilote et parfaitement propre.

22. Gellivare. Le puits donne beaucoup d'eau, même avec la seule pompe disponible et non pas avec la pompe de cale du client. On y obtient jusqu'à 40 l/min, ce qui correspond à 2 400 l/heure. Après plusieurs heures de pompage, la température est de 3,1 °C. L'eau est pure, claire et n'a pas de goût. Profondeur 40 m. Diamètre 64 mm.

23. Katrinefors, près de Mariestad. Forage réalisé pour des besoins industriels à une profondeur de 30 m dans la roche primaire à partir du fond d'un puits de 6,50 m. Diamètre de 64 mm. Il fournit 600 à 700 l/heure d'eau. Elle est claire et a une température de 7 °C, mais la quantité d'eau n'était pas suffisante pour les besoins de fabrication, c'est pourquoi le puits n'est plus utilisé.

24. Stockholm, usine de production de stéarine de Liljeholmens. Le puits a un diamètre de 100 mm. Profondeur 37 m. Il est creusé dans le granit de Stockholm. La quantité d'eau fournie est d'au moins 1 200 l/heure, sans baisse de débit après douze heures de pompage. La température est de 7 °C. L'eau est de première qualité.

25. Stockholm, usine de production de levure Sodra. Le puits est, comme le précédent (n° 24), de 100 mm de diamètre. Il est creusé dans du granit de Stockholm à une profondeur de 31,50 m. Le débit d'eau est très élevé. Le puits fournit 3 à 4 000 l/heure avec un pompage à vapeur ininterrompu pendant 24 heures. La température, après que l'eau a traversé un long tuyau en surface, est de 8,7 °C, mais était au départ probablement entre 7° et 7,5 °C. L'eau est de première qualité et agréable au goût, même si elle est un peu calcaire.

26. Oregrund. Diamètre du puits 64 mm. Profondeur 29 m. La roche est du gneiss. L'eau est abondante. Au début, on se plaint que l'eau a un goût salé, qu'elle est jaunâtre et que sa surface est recouverte d'une pellicule d'huile. Elle s'est déjà nettement améliorée, de sorte que l'on s'en sert comme eau potable, sans aucun doute restera-t-elle en parfait état pendant un certain temps encore. La température indique 8,5 °C, mais elle est probablement un peu plus basse.

27. Stockholm, Skonvik. Puits foré à l'aide d'une perceuse à percussion dans du gneiss. Diamètre 64 mm. Profondeur 30 m. Il fournit une grande quantité d'eau de bonne qualité.

28. Forteresse de Kungsholms à l'extérieur de Kariskrona. Diamètre du puits 64 mm. L'eau est abondante. À l'heure où j'écris ces lignes, le puits foré n'a pas encore été nettoyé à la pompe, de sorte qu'il n'est pas possible de donner un avis définitif sur l'état de l'eau.[108] Le puits est creusé jusqu'à une profondeur de 31 m dans du gneiss.

---

108. Après la publication de l'article, trois puits supplémentaires ont été forés, à savoir 29 Haparanda, 30 Trollhattan IV et 31 Svenska Hogarna ; à ma connaissance, ils ont donné de bons résultats.

Dans tous ces puits, à l'exception du n° 11 Koön,[109] l'eau est obtenue de manière suffisamment concluante, généralement en grande quantité, c'est-à-dire de 600 à 1 000 l/heure, voire jusqu'à 3 000 l/heure. La quantité d'eau augmente sensiblement après un certain temps d'utilisation des puits, car l'ouverture d'une nouvelle veine à l'intérieur de la roche s'accompagne généralement, pendant une courte période, d'une nouvelle salissure de l'eau par une boue argileuse extrêmement fine.

Au début, l'eau que l'on trouve est fortement polluée par la boue de forage, par l'huile provenant de la machine de forage et des pompes à l'intérieur, ainsi que par un peu d'eau propre qui, sous l'effet du forage et de l'agitation du pompage dans le trou du puits, emporte la boue de forage. À cela s'ajoute la boue provenant des fissures de la roche contenant de l'eau. Une quantité extrêmement importante est amenée par le pompage de l'eau sous le forage. Une fois que le trou est plus profond, la boue ne remonte plus immédiatement, mais se répartit dans le système de fissures de la roche, où elle se mélange à l'eau de la fissure horizontale et n'est évacuée que progressivement. Si, comme c'est souvent le cas, on a recours à de l'eau de mer pour le lavage et le démarrage de la pompe, le pompage continu élimine toute trace de cette boue. Cela engendre des reproches injustifiés sur l'eau qui sort d'un nouveau puits. Peu après l'installation de la pompe, un homme se plaint que l'eau est insalubre. « Une pellicule d'huile se dépose à la surface de l'eau, elle a un goût d'huile, elle est salée et mélangée à de l'argile. » Cela dure généralement longtemps, mais ce problème est ensuite pleinement résolu, puisqu'à l'intérieur de la roche, l'eau est en réalité limpide, agréable au goût, et parfaitement potable, bien qu'un peu calcaire pour certains usages domestiques, inconvénient qui est toutefois largement compensé par le caractère salubre de l'eau. Elle est en effet exempte d'organismes nocifs pour la santé et de déchets organiques.

D'après les tests, l'eau qui s'écoule de ces puits contient de 20 à 62 parties de constituants solides sur 100 000. Jusqu'à présent, une seule analyse quasiment complète a été faite de la composition des

---

109. La fissure horizontale, qui contient généralement de l'eau, est plus grande à Koön qu'à d'autres endroits où des forages ont été entrepris jusqu'à présent, mais elle est complètement bloquée par de l'argile. On peut espérer que ce bouchon d'argile pourra être éliminé par un pompage intensif, auquel cas ce puits pourra lui aussi fournir de l'eau en quantité.

constituants minéraux de l'eau, à savoir celle de l'assistant G. Lindstrom sur le résidu après évaporation de l'eau prélevée le 25 mars 1895 au puits de Dalbyo. Voici les constituants pour 100 000 parties d'eau :

		ou		
Acide silicique	1,18		Acide silicique	1,18
Argile, oxyde ferrique	0,10		Argile, oxyde ferrique	0,10
Oxyde de calcium	4,90		Chlorure de sodium	18,70
Magnésie	Trace (?)		Carbonate de sodium	22,32
Oxyde de sodium	24,52		Sulfate de calcium	11,10
Potasse	1,70		Sulfate de sodium	3,52
Chlore	11,34		Sulfate de potassium	3,14
Acide sulfurique	10,42			60,06
Acide carbonique	7,30			
	61,46			

Eau du forage n° 20, Bokedalen, échantillon prélevé peu de temps après la fin du forage, à l'intérieur du trou. Selon une étude faite à Goteborg sur les parties constituantes pour 100 000, après séchage pour 28,80, après chauffage au rouge pour 22,80. Consommation d'acide : 0,22. Oxyde ferrique (avec de l'argile ?) : 0,10. Pas d'ammoniaque, d'acide nitrique ou de trioxyde d'azote. Seulement une légère trace de chlore et d'acide sulfurique.

Eau du forage n° 2, Saltsjobaden, prélevée peu après la fin du forage. Selon un test de l'excellent laboratoire Stockholm's Water Works, le résidu évaporé (pour 100 000) est de 44,3. Consommation d'acide : 0,193. Pas de nitrate ni de nitrite. Ammoniaque : 0,002. Chlore : 12,0. Calcaire (dureté) : 6,9.

Aucune analyse complète n'a encore été effectuée. Dans de nombreux puits forés, l'eau déjà libérée n'a pas encore retrouvé sa composition normale. La contamination persiste très longtemps, c'est-à-dire que l'eau est sans doute la plupart du temps salée et jamais entièrement propre pendant le forage, la mise en place de la pompe et, surtout, après l'ouverture de la fissure horizontale, et ce jusqu'à ce que le plus gros de l'eau encore présente dans le système de fissures de la roche en soit entièrement extraite, de sorte qu'elle n'a pas d'influence sur la composition de l'eau du puits. L'entreprise de forage a connu de nombreux ennuis avant de prendre conscience de la situation et de décider de retirer les machines de forage, permettant ainsi d'obtenir de l'eau propre. Les analyses sont tellement lacunaires qu'elles montrent que, dans tous les cas, la composition de l'eau correspond à celle d'une bonne eau de source, à la différence près que l'eau des puits forés, enfoncés dans les rochers de l'archipel entourés par la mer, contient plus de chlorure de sodium et de carbonate de sodium que l'eau de source habituelle.

Lorsque le conduit d'eau se trouve en milieu chaud, l'eau pompée dégage une quantité non négligeable de gaz. Il serait intéressant de connaître la composition de ces gaz, mais elle n'a pas encore été déterminée. Ensuite, la cléveite, dans lequel l'hélium est particulièrement présent, qui n'est en aucun cas un minéral cristallisé à partir d'un magma en fusion, car il ne contient même pas de quartz, de feldspath, de mica, etc., se cristallise dans les fissures de roche primaire. Il s'agit d'une formation récente due aux conditions géologiques actuelles. Il serait donc particulièrement intéressant d'analyser les gaz présents dans l'eau des fissures de roches primaires, et je saisirai la première occasion pour obtenir une telle étude. Par la suite, j'espère également transmettre une analyse complète de la composition complémentaire, certainement variable, de l'eau d'un certain nombre de puits différents forés dans la roche primaire. Après cela, la raison du mouvement dans notre roche primaire de granite, de pegmatite et d'autres silicates mixtes devrait être connue, même partiellement, par les chercheurs sans préjugés, à l'esprit ouvert et libre de tout dogme scientifique. Tout aussi intéressants sont les déplacements de calcite, de pyrite, etc., se formant continuellement par cristallisation à partir de l'eau qui, comme je viens de l'indiquer, circule partout dans le système de fissures de la roche primaire,[110] de sorte qu'une série d'analyses similaires devrait s'avérer d'un très grand intérêt géognostique. Il faudrait s'assurer que les premières tentatives soient faites

---

110. Je précise qu'à juste titre, je suis resté longtemps perplexe après qu'on m'ait montré que le quartz et le feldspath se trouvent nouvellement formés dans les fissures des dykes de pegmatite. Près de Morefjar, près d'Arendal, j'ai trouvé, à l'entrée d'une fissure bouchée similaire, si nouvellement formée que le fragment de feldspath ne s'était pas encore altéré, que du quartz cristallisé, comme collé ensemble, formait des surfaces de grande taille ; qu'à une fissure latérale près d'une surface dégagée, des cristaux de quartz libres se sont formés ; que de nouvelles formations de grenat, diopside, épidote, apatite, titanite, magnétite, calcite, chlorite, galénite, se présentent sous forme de petits cristaux libres dans une argile comme celle de la masse foliacée laminaire qui remplissait la mine de Tabergs à Vermland.

après une longue période d'utilisation des puits, afin d'avoir la certitude que l'eau de forage pompée dans le trou (et le système de fissures) a été complètement éliminée.

Seize des forages susmentionnés, à savoir n° 1 Arko, 2 Saltsjobaden, 3 Tacka udden, 4 Dalbyo, 8 Smogen, 9 Marstrand, 10 Stenungso, 11 Koön, 14 Hango, 17, 18, 19 Tolkis Holme, 21 Hufvudskar, 26 Oregrund, 27 Skonvik, 28 la forteresse de Kungsholms, sont creusés dans des rochers situés à proximité immédiate de plages ou sur des îles de l'archipel. L'eau qu'ils fournissent, avec une simple trace sans conséquence, est exempte de sel marin, à l'exception de celle du n° 8 Smogen. Pourtant, chaque puits abondant a donné une eau un peu salée. Une énorme quantité d'eau de mer fut pompée pendant le forage, et je présume que le reproche relatif à la salinité n'est dû qu'à cela, à savoir que les puits n'ont pas encore été nettoyés par le pompage. Il faut convenir que la roche est très fissurée et que les puits sont creusés trop près d'une dépression remplie de sable qui, de mémoire d'homme, est remplie d'eau de mer stagnante.

Personne n'a mesuré la température de l'eau au fond des puits. L'eau pompée a une température qui, selon les puits, varie entre 7 et 9 °C, et est constante dans un même puits tout au long de l'année, sans tenir compte de l'influence exercée par les variations saisonnières de température dans le tuyau de pompage long de 20 à 30 m. La température de l'eau est de 2 à 4 °C supérieure à la température moyenne du lieu. En raison de la faible profondeur des puits, ce phénomène ne devrait-il pas dépendre des températures intérieures de la terre ? Il semble dépendre d'une légère émission de chaleur produite par les innombrables altérations chimiques qui ont lieu dans les roches primaires. Il n'est pas nécessaire de rappeler qu'une température de 7 à 9 °C est particulièrement adaptée à l'eau utilisée pour la boisson et les autres besoins domestiques. Elle est bien fraîche en été et directement consommable, même en hiver.

Il ressort de ce qui précède que partout où l'on fore dans la roche primaire en Suède et en Finlande, à une profondeur constante d'un peu plus de 30 m sous la surface, on rencontre une fissure horizontale contenant de l'eau. Les théories sur le pliement et le déplacement des couches superficielles de roches primaires sous l'effet des variations de température ont été clairement corroborées ici.

Ailleurs qu'en Scandinavie et même dans des espèces de roches dures autres que la roche primaire, des causes identiques devraient avoir des effets identiques. Partout où les couches superficielles sont constituées de roches dures et fermes, il me semble qu'un déplacement des couches superficielles devrait se produire par pliement sous l'effet des variations de température journalières, annuelles ou séculaires. Une fois pliées, ces fissures de déplacement presque parallèles devraient émerger à une profondeur plus ou moins grande sous la surface de la terre. Même si ces roches sont imperméables à l'eau, et même si des précipitations atmosphériques n'ont pas lieu dans la région ou si le système de fissures n'est pas en contact avec l'eau qui s'accumule en surface, il faut s'interroger sur la manière dont l'eau est obtenue, vraisemblablement à la même quantité que celle que nous obtenions nous-mêmes, c'est-à-dire, en règle générale, non pas des fontaines, mais des puits qui, par un pompage un peu lourd, fournissent de 500 à 2 000 l/heure. On peut ainsi avoir des puits productifs tout au long de l'année, par exemple, dans de nombreuses régions du littoral nord de l'Afrique, dans les roches autour du delta du Nil, en Abyssinie, en Afrique du Sud, dans des endroits spécifiques du littoral nord de la Méditerranée, sur les hauts plateaux espagnols, au pied du Sinaï et d'autres montagnes enneigées ou fortement arrosées, en Grèce, dans toute l'Asie mineure, dans les régions où le lit des rivières est asséché pendant la totalité ou une grande partie de l'année, dans les canyons du Colorado, ou encore sous les tropiques qui sont secs à certaines périodes de l'année et arrosés par les pluies à d'autres. Un tel puits suffit pour les besoins domestiques des petites communautés, pour l'irrigation d'un jardin, etc. Dans la plupart de ces puits, l'eau est de la même qualité qu'une bonne eau de source. Elle est exempte des bactéries qui existent dans les couches superficielles de la terre, de déchets organiques, de pourriture et d'autres éléments nocifs pour la santé et, pour nos besoins, elle est inégalée sur le plan de l'hygiène, ayant une température légèrement supérieure à la température moyenne à l'endroit où les puits ont été forés.

Chapitre 4 – L'hydrologie moderne et ses limites

Soit A un succès dans la vie. Alors A = x + y + z,
où x = travailler, y = s'amuser, z = se taire.[111]
Albert Einstein

L'hydrologie, dans son sens le plus large, est l'étude de l'eau qui englobe la biologie, la chimie et la physique de l'eau, la géologie, l'hydraulique et la météorologie. En prenant cela comme point de départ, il serait bon de commencer par passer en revue certains des domaines actuels de la recherche sur l'eau afin de découvrir leur potentiel pour résoudre nos problèmes hydriques. Un simple rappel de ces problèmes témoigne de leur urgence, et l'impérieuse nécessité de les résoudre est évidente à la lecture d'une enquête du *New York Times* publiée en mars 1957, qui considère que la croissance économique des États-Unis est limitée par les pénuries d'eau et prévoit un besoin quotidien de 1,7 milliard de mètres cubes d'ici à 1975.

En tête de liste, la dessalinisation qui, du point de vue des financements, a connu de nombreux problèmes. Les autres principaux projets de recherche sont l'ensemencement des nuages, la récupération des eaux usées, la construction de barrières contre le biseau salé, le réapprovisionnement des réservoirs souterrains et la réduction de l'évaporation des lacs et des réservoirs.

Le dessalement de l'eau

Les eaux des océans et les eaux saumâtres que l'on trouve aujourd'hui à l'intérieur des terres sont des sources possibles d'eau douce. Bien que l'eau salée ne soit qu'une simple solution de sels inorganiques dissous dans l'eau, cette solution est stable et nécessite des quantités d'énergie relativement importantes pour séparer les sels de l'eau. Les calculs théoriques basés sur une efficacité de 100 %, que ni l'homme ni ses machines n'ont pu atteindre, indiquent un coût d'énergie de 2,80 cents pour 3,80 m^3, ou un peu plus de neuf dollars pour un pied d'acre d'eau (1 233 m^3).[112]

---

111. Extrait d'une interview d'Albert Einstein le 15 janvier 1950 pour *The Observer*. Traduction française : *Le Figaro*.
112. *Conversion of Saline Waters*, David S. Jenkins, R. J. McNeish et Sidney Gottley, *Water*, The Yearbook of Agriculture, 1955, p. 110.

En traduisant ces calculs théoriques dans la pratique, il faut s'attendre à ce que les coûts minimaux d'énergie soient multipliés plusieurs fois et, pour déterminer le coût total de l'opération, il faut ajouter à la fois l'investissement en capital et les frais d'exploitation. Il est vrai que les recettes générées par des sous-produits commercialisables pourraient compenser les coûts, mais il ne semble pas que le rendement par unité d'eau traitée puisse rendre les systèmes de conversion conventionnels rentables.

Certains des scientifiques les plus optimistes signalent que les coûts de dessalement de l'eau de mer ont été réduits il y a cinq ans d'environ 3 $ pour 3,80 m³ à 1,75 $, dans la nouvelle usine produisant 10 220 m³ par jour sur l'île d'Aruba dans les Caraïbes. Ils prévoient que, dans dix ans, ils seront en mesure de réduire les coûts de conversion à environ 0,50 $ pour 3,80 m³, ou 160 $ par pied d'acre, sur la base d'une énorme usine de dessalement d'un peu moins de 190 000 m³ par jour utilisant un système d'énergie nucléaire. Ces chiffres, inatteignables aujourd'hui, mais envisageables dans le futur, sont néanmoins considérablement plus élevés que les coûts actuels de l'eau dans la plupart des régions. De l'énergie à faible coût, solaire par exemple, ou d'autres sources, ainsi que de nouveaux procédés de dessalement pourraient apporter une réponse plus économique à l'avenir.

Robert W. Kerr,[113] président de Fairbanks, Morse & Co, estime qu'il est possible de produire de l'eau propre pour un coût d'environ 0,40 dollar pour 3,80 m³ grâce à deux usines de petite capacité qui seront construites en Israël, près d'Elath, dans le golfe d'Aqaba. Ces usines de petite capacité produiront juste assez pour satisfaire les besoins en boisson. Elles produiront de l'eau selon les méthodes mises au point par Alexander Zarchin, un Israélien, qui consiste à refroidir l'eau de mer juste au-dessous du point de congélation, à séparer les cristaux de glace pure de la boue impure et à les dégeler sous l'effet de la chaleur de l'eau de mer qui entre dans la station.

Conscient des pénuries d'eau croissantes, le Congrès a prolongé jusqu'en 1966 les activités de recherche menées dans le cadre du Saline Water Act de 1952, en allouant un budget total de dix millions de dollars au lieu des 2 millions prévus au départ. Le Congrès accorda

---

113. News story, *Los Angeles Times*, 18 décembre 1959, Partie II, p. 16.

également dix millions de dollars pour la construction de cinq usines de démonstration de dessalement d'eau. Selon le numéro d'août 1957 de *The Reclamation Era*, le programme gouvernemental sur les eaux salines a fixé une limite de 0,12 $ pour 3,80 m³, soit 39 $ par pied d'acre pour l'eau d'irrigation, chiffre que même les scientifiques les plus optimistes ne peuvent espérer atteindre dans un futur proche.

L'ensemencement des nuages

Les tentatives des hommes pour faire tomber la pluie existent depuis des siècles. Asperger d'eau des hommes saints fut une pratique très répandue dans de nombreux pays où les sécheresses sont fréquentes et intenses. Les femmes zouloues, par exemple, enterraient leurs enfants jusqu'au cou, puis s'en allaient en gémissant dans l'espoir que les cieux s'ouvriraient par pitié.

Aux États-Unis, le Congrès autorisa, pour la première fois en 1891, la réalisation d'expériences sur la production de pluie. Cette expérience, sous la direction du général Dyrenforth, agissant en tant que *special agent* pour le Département de l'agriculture, fut réalisée au Texas à l'aide de dynamite et de ballons remplis de gaz. Une petite pluie tomba, mais l'évaluation du Weather Bureau affirma qu'il aurait plu, de toute façon.[114]

Qu'il y ait ou non des nuages dans le ciel, il y a de la vapeur d'eau. Cependant, les nuages contenant des gouttelettes d'eau ont une longueur d'avance dans le processus de transformation en pluie. Parfois, les nuages se dissolvent simplement en vapeur et disparaissent, ou la vapeur d'eau peut s'écouler et devenir un nuage ou faire partie d'un nuage plus grand. Pour qu'il pleuve, il faut qu'il y ait des nuages, mais ce n'est pas parce qu'il y a des nuages qu'il pleuvra. Dans l'atmosphère, de minuscules particules de poussière agissent comme des noyaux pour les gouttes de pluie, en leur fournissant un élément sur lequel elles peuvent s'agglomérer et grossir. Les sels cycliques, de très petites particules de sel qui restent en suspension dans l'air de manière semi-permanente et parcourent de longues distances, agissent également comme des noyaux de condensation. Les gouttes d'eau d'un nuage peuvent ne jamais se transformer en gouttes de pluie suffisamment lourdes pour tomber au sol.

---

114. Pour plus de détails sur cette opération, lire *L'Arme climatique*, Patrick Pasin, Talma Studios.

Pour créer des précipitations, nous avons recours à la « nucléation artificielle », qui postule qu'à des températures très basses, par exemple à -40 °C, des cristaux de glace se forment naturellement. L'on suppose que les cristaux grossissent ensuite en attirant d'autres particules d'humidité jusqu'à ce qu'ils deviennent suffisamment lourds pour tomber des nuages sous forme de neige, qui fond en chemin et se transforme en pluie. Si les nuages sont proches de la température à laquelle les cristaux de glace se forment naturellement, la chute de glace sèche (dioxyde de carbone) refroidit certaines zones de ces nuages et lance le processus de formation des cristaux.

Les minuscules particules de poussière déclenchent le processus de formation de cristaux de glace à des températures comprises entre -40 et -15 °C. Cependant, la nucléation artificielle, à l'aide d'iodure d'argent, le démarre entre -15 et -4 °C. L'on voit donc que l'apport de noyaux aux nuages ne les refroidit pas, mais permet la formation de cristaux de glace à des températures plus élevées. Dans les régions chaudes, les nuages non glacés libèrent de la pluie, manifestement par un processus autre que la formation de cristaux de glace. De tels nuages furent ensemencés avec succès par de l'eau pulvérisée à partir d'avions.

Certes, l'ensemencement avec de la glace sèche, de l'iodure d'argent ou de l'eau modifie les nuages et produit des précipitations, mais comme les effets de l'ensemencement ne sont pas complètement déterminés, les recherches se poursuivent. Selon les estimations préliminaires d'un programme expérimental d'ensemencement mené conjointement par l'État de Californie et le gouvernement fédéral dans le comté de Santa Barbara, l'ensemencement pourrait augmenter les précipitations de 23 %.

De nombreuses personnes, y compris des législateurs, craignent que l'augmentation des précipitations dans les zones face au vent ne se fasse au détriment des zones sous le vent, qui risquent d'être privées de précipitations. Les faiseurs de pluie soutiennent cependant que seul 1 % environ de l'humidité d'un nuage tombe au sol lors d'un orage ordinaire et qu'en fournissant davantage de noyaux, cette efficacité peut être portée à 2 %. Ces quantités, disent-ils, sont insignifiantes, car la vapeur d'eau dans le ciel reconstitue presque immédiatement les nuages. Nous reviendrons sur les précipitations plus loin dans ce chapitre.

La récupération des eaux usées

Le réseau d'égouts et le réseau d'eau sont complémentaires, et les égouts domestiques sont généralement constitués de plus de 99,9 % d'eau. Sur le dixième de pour cent restant (mille parties par million en poids), une partie considérable est constituée de la même matière minérale que celle qui était initialement présente dans l'eau. L'augmentation de la teneur en matières solides due à la consommation n'est en fait que de quelques centaines de parties par million, mais c'est la nature des substances additionnelles, plutôt que leur quantité, qui rend le traitement nécessaire.

Les substances additionnelles sont constituées des déchets organiques et minéraux chimiquement complexes issus du vivant, ce qui exige de toujours considérer les eaux d'égout comme potentiellement dangereuses. Tout parasite dangereux pour l'homme se retrouvera à coup sûr dans les eaux usées. En 1956, une épidémie, qualifiée de shigellose, toucha environ huit cents personnes. Des preuves solides permirent de déterminer que l'approvisionnement de la ville avait été contaminé par de l'eau non traitée provenant d'un ruisseau de montagne le long duquel des traces de matières fécales furent trouvées. Lors d'une autre épidémie survenue en 1956, environ sept cents personnes d'une petite ville tombèrent malades après que l'approvisionnement public en eau fut fortement contaminé par des eaux de drainage de surface à la suite d'une tempête de pluie soudaine. Six épidémies de gastro-entérite, dont 903 cas étaient d'origine hydrique, et une épidémie d'hépatite, dont 276 cas considérés comme d'origine hydrique, furent recensées.[115]

Grâce à des phénomènes naturels, l'eau peut s'auto-épurer jusqu'à un certain point, en fonction du niveau de pollution. L'auto-épuration est le résultat d'une association de facteurs biologiques, chimiques et physiques. Dans une eau saturée en oxygène dissous, qui est absorbé dans l'atmosphère et également libéré par les plantes vertes aquatiques, l'auto-épuration est plus rapide. L'oxygène dissous dans l'eau intervient dans le processus par lequel les bactéries, présentes dans l'eau et dans les déchets eux-mêmes, décomposent les déchets instables. Malheureusement, les poissons et autres organismes

---

115. *Waterborne Disease Outbreaks in 1956*, C. C. Dauer et G. Sylvester, Office of Vital Statistics, U. S. Public Health Service.

aquatiques dépendent également de l'oxygène dissous dans l'eau. La réalimentation en oxygène dissous permet au processus d'épuration de se poursuivre, et il se déroule rapidement dans un cours d'eau rapide et turbulent.

Lorsque de grandes quantités de déchets sont déversées dans un cours d'eau, l'eau devient trouble et empêche la lumière du soleil de pénétrer jusqu'aux plantes aquatiques, ce qui entraîne la mort de ces dernières, car elles ne peuvent plus assurer leur photosynthèse, phénomène qui produit de la nourriture pour les plantes et contribue à l'apport d'oxygène dans l'eau. La quantité d'oxygène dissous dans l'eau est d'une importance capitale pour l'état de l'eau en raison de son rôle dans le processus global de décomposition, et elle est donc un critère déterminant pour la quantité maximum de polluants pouvant être déversés dans un cours d'eau. La teneur en polluants autorisée est donc déterminée à partir de la quantité et du besoin en oxygène des eaux usées.

Le traitement des eaux usées permet de réduire leur pollution avant qu'elles ne soient déversées dans les cours d'eau. Il existe différents stades de traitement des eaux usées. Au cours du traitement primaire, environ 25 à 40 % de la charge de pollution des eaux usées est éliminée. Les eaux usées passent d'abord par un dégrilleur, puis lentement par un dessableur, et enfin dans un décanteur, où elles restent pendant une heure ou plus. Les boues se déposent au fond et l'écume monte, et l'eau entre les deux couches est ensuite évacuée. Ainsi, grâce au procédé à boues activées ou à celui du lit bactérien, et à une décantation secondaire, jusqu'à 95 % de la charge polluante peut être éliminée. Les méthodes de traitement secondaire sont principalement des dispositifs d'oxydation bactériologique.

La pratique la plus courante dans l'épuration des eaux usées municipales est la digestion anaérobie. Elle consiste à conserver les boues dans des bassins fermés et parfois chauffés pendant trente jours ou plus. Dans des conditions anaérobies, obtenues par l'absence totale de lumière et d'air, les solides sont décomposés grâce à l'action bactérienne en composés simples et inoffensifs.

Après le traitement des eaux usées, l'eau extraite, appelée « effluent », est disponible pour certains usages ou peut être soumise à un traitement supplémentaire pour d'autres utilisations. Dans l'industrie, l'utilisation d'eau recyclée est de plus en plus pratiquée pour répondre aux besoins en eau. Ce sont surtout les grands consommateurs d'eau, comme les aciéries, les raffineries de pétrole, les usines de traitement des métaux et les chemins de fer qui y ont recours.

L'usine Bethlehem Steel Company à Sparrows Point, dans le Maryland, utilise quotidiennement entre 190 000 et 380 000 litres d'eau recyclée, en plus des 132 000 à 190 000 l d'eau douce et des 510 000 à 570 000 l d'eau de mer qu'elle consomme. L'eau recyclée provient de la station d'épuration de Baltimore, puis l'aciérie traite les effluents avec de l'alun pour réduire la turbidité et avec du chlore pour empêcher le développement de boues et d'algues.

En 1953, la Texas Company négocie un contrat de trente ans avec la ville d'Amarillo, en vertu duquel la ville doit fournir à la raffinerie des eaux recyclées d'une qualité satisfaisante. Le montant facturé à la Texas Company doit être indexé sur les coûts réels, variant de 3,75 à 6 cents pour 3,80 m^3, en fonction de la nécessité de maintenir un résidu sans chlore afin d'éliminer l'ammoniaque de l'eau recyclée.

Avec l'augmentation de la production industrielle et de la population urbaine, on peut s'attendre à ce que le secteur industriel et les villes redoublent d'efforts en matière de recherche et augmentent le nombre d'étapes dans leurs systèmes d'épuration afin d'étendre l'eau recyclée à d'autres usages.

La réduction de l'évaporation

Environ 80 000 milles cubes[116] d'eau s'évaporent chaque année des océans et environ 15 milles cubes s'évaporent des lacs et des surfaces terrestres des continents. L'eau perdue quotidiennement par évaporation au lac Mead fut évoquée plus haut, et des pertes proportionnelles se produisent dans tous les réservoirs en fonction de la masse d'eau, de la superficie et de la température moyenne de la région. Des expériences visant à réduire l'évaporation des réservoirs et d'autres étendues d'eau furent menées depuis qu'Irving Langmuir et Vincent Schaefer, de la General Electric Company, présentèrent des substances capables de former un film monomoléculaire étanche sur l'eau et d'empêcher ainsi l'évaporation.

---

116. Unité de volume qui représente le volume d'un cube ayant des côtés de 1 mille (soit environ 1,609 km).

Les essais préliminaires en laboratoire et sur le terrain indiquent que l'alcool cétylique est le produit chimique le plus encourageant à ce jour, car il ne semble pas avoir d'effet néfaste sur la vie biologique dans l'eau et n'empêche pas le transfert d'oxygène vers l'air ou à partir de celui-ci. Avant que l'alcool cétylique, ou tout autre inhibiteur d'évaporation, puisse être approuvé pour un usage général, certaines conditions doivent être respectées. Il faut prouver que le produit chimique utilisé n'a pas d'effet toxique sur les poissons, la végétation, le plancton ou les algues. Il faut également déterminer si le film de couverture augmentera la température du lac ou du réservoir, ce qui pourrait avoir des effets délétères sur son contenu biologique. En outre, le principal problème technique est de savoir comment étaler le film chimique sur de grandes étendues d'eau et comment éviter que le film ne s'entasse à l'extrémité sous le vent du lac ou du réservoir.

Le cycle hydrologique

Le principe fondamental de l'hydrologie est le cycle hydrologique, un terme bien pratique qui désigne la circulation de l'eau depuis la mer, à travers l'atmosphère, jusqu'à la terre, puis de nouveau vers la mer à travers l'atmosphère et par le ruissellement à la surface et sous le sol. Par commodité, le cycle hydrologique est souvent considéré comme étant composé de trois segments principaux : (1) les précipitations sur les masses terrestres ; (2) le ruissellement de surface et l'infiltration dans les sols et les roches, et (3) l'évaporation et la transpiration.

La science de l'hydrologie s'intéresse tout particulièrement à l'eau depuis le moment où elle tombe en précipitations et jusqu'à ce qu'elle soit déversée dans la mer ou renvoyée dans l'atmosphère. Le principal facteur qui distingue la pratique de l'hydrologie moderne de la pratique antérieure est la quantification. Elle implique la mesure des quantités et des taux de mouvement de l'eau à tout moment et à chaque étape. Par exemple : la mesure de la pluie et de la neige détermine les quantités et les taux de précipitations ; la mesure de la neige détermine les quantités d'eau stockées sous forme de neige et les taux d'accumulation et de fonte ; l'observation de l'avancée et du recul des glaciers détermine leurs taux de gain ou de perte et les quantités d'eau qu'ils contiennent ; la mesure des cours d'eau fournit des enregistrements continus à long terme de leur débit en de nombreuses positions, et la mesure du niveau des lacs et des nappes phréatiques calcule leurs gains ou leurs pertes de stockage.

En résumé, les hydrologues énoncent la loi de la conservation de la matière comme ceci : au cours d'une période donnée, le débit total entrant dans une zone donnée doit être égal au débit total sortant de cette zone, plus la variation du stockage, qui peut être soit une diminution, soit une augmentation.

La circulation

L'eau qui s'évapore des océans, ainsi que des lacs et des surfaces terrestres, est soumise à des mouvements de circulation avec l'atmosphère terrestre. Étant donné que la plus grande partie de l'énergie solaire est captée près de l'équateur, l'évaporation et l'ascension de l'air y sont plus importantes. L'air chaud et humide quitte l'équateur en haute altitude et, en raison de la rotation de la Terre, il se déplace généralement vers le nord-est dans l'hémisphère Nord. Il se refroidit progressivement et, à environ 30° de latitude nord, il a perdu suffisamment de chaleur pour commencer à descendre. À la surface de la Terre, il se subdivise en alizés, qui se déplacent vers le sud-ouest en revenant vers l'équateur et en vents qui se déplacent vers le nord-est à travers la zone tempérée.

Près du pôle Nord, un autre schéma de circulation est à l'œuvre. Une masse d'air froid s'accumule et s'écoule vers le sud-ouest, ce qui le réchauffe progressivement, de sorte qu'à environ 60° de latitude nord, l'air s'est suffisamment réchauffé pour s'élever et retourner vers le pôle Nord. De temps à autre, cet air polaire froid s'échappe et se déplace à travers la zone tempérée.

Les schémas de circulation générale que nous venons de décrire se produiraient si l'effet de réchauffement du soleil n'était pas différent au-dessus de la terre et au-dessus de l'eau et, par conséquent, si la présence de grandes étendues de terre ne modifiait pas ces schémas généraux. Quatre phénomènes de base sont à l'œuvre dans ce schéma de circulation générale qui entraîne des précipitations.

Les précipitations

Le premier phénomène est la tempête cyclonique qui produit des pluies sur de vastes zones et prévaut pendant la saison hivernale. Ces tempêtes se forment par l'interaction des masses d'air polaire froid et des masses d'air tropical chaud.

Le deuxième, la tempête convective ou l'orage, se produit dans tout le pays, mais plus fréquemment en été, dans le sud, et sur des zones relativement petites. Ces orages se forment à la suite d'un réchauffement inégal, lorsque l'air au-dessus d'une région devient plus chaud que l'air environnant. L'air chaud ascendant se dilate et se refroidit au fur et à mesure qu'il s'élève et, s'il se refroidit suffisamment et qu'il y a assez d'humidité, des précipitations se produisent.

Le troisième est l'orage orographique ou de montagne, dans lequel la montagne, agissant comme une barrière, force l'air chaud et humide poussé vers elle à s'élever et à se refroidir au point de provoquer des précipitations.

Le quatrième est l'ouragan, dans lequel de grandes quantités d'air tropical chaud et humide sont aspirées par la zone centrale dépressionnaire de l'ouragan.

Les effets de tous les types de tempêtes peuvent parfois être combinés. Dans tous les cas, le phénomène de soulèvement et de refroidissement atteint le point de condensation atmosphérique, formant de petites gouttelettes d'eau dotées d'une particule minuscule en guise de noyau. La quantité de précipitations dépend de la capacité de l'air saturé à retenir l'humidité. Dans une fourchette de températures allant de -7 à 27 °C, la quantité d'humidité dans l'atmosphère saturée diminue d'environ 18 % pour chaque baisse de température d'environ 2,8 °C. Les précipitations augmentent généralement avec l'altitude et, à altitude égale, sont plus importantes dans les zones au vent que sous le vent.

La végétation, avec ses feuilles et ses branches, intercepte les précipitations et seule une partie atteint le sol. La végétation affecte donc à la fois la quantité et la répartition des précipitations qui atteignent la surface du sol. De la portion interceptée par la végétation, une partie est retenue et s'évapore plus tard, une autre s'écoule vers le sol le long des tiges, et une autre tombe goutte à goutte.

L'infiltration

La pluie qui atteint la surface du sol est entièrement ou partiellement absorbée par le sol en fonction du taux de précipitations et du taux d'infiltration ou de la perméabilité du sol. Lorsque le taux de précipitations est supérieur au taux d'infiltration, l'excédent s'écoule rapidement vers les cours d'eau et peut éroder le sol. L'eau qui pénètre dans le sol augmente la teneur en eau du sol ou passe au travers de celui-ci. Dans un sol sec, l'eau qui s'infiltre mouille chaque couche successive jusqu'à saturation et l'excédent d'eau s'écoule dans le sous-sol. L'eau retenue dans le sol après la fin du drainage peut circuler grâce à la transpiration des plantes ou s'évaporer. L'évapotranspiration est un phénomène naturel qui se produit partout où il y a de la végétation.

L'eau excédentaire traverse la ceinture d'eau du sol et continue à descendre sous l'effet de la gravité jusqu'à la ceinture intermédiaire. Dans la ceinture d'eau du sol et dans la ceinture intermédiaire, les matières en suspension dans l'eau sont retenues par l'attraction moléculaire. Si la ceinture intermédiaire est remplie à pleine capacité, l'eau excédentaire continue à descendre jusqu'à la frange capillaire, qui se trouve immédiatement sous la ceinture intermédiaire et au-dessus de la zone de saturation. La frange capillaire contient de l'eau qui est maintenue au-dessus de la zone de saturation par les forces de capillarité et, si elle est remplie, l'eau continue son mouvement vers le bas jusqu'à la zone de saturation, connue sous le nom de nappe souterraine. La ceinture d'eau du sol, la ceinture intermédiaire et la frange capillaire forment ce que l'on appelle la zone d'aération, la zone vadose, ou encore la zone non saturée. L'eau, qui se déplace sous l'effet de la gravité à travers les différentes ceintures de la zone d'aération, pénètre dans la partie supérieure de la zone de saturation, que l'on appelle niveau phréatique. Tous les pores et cavités de la zone de saturation sont remplis d'eau.

En bref, en ce qui concerne le cycle hydrologique, la fonction principale de la zone d'aération est de récupérer et de retenir l'eau destinée aux plantes dans la ceinture d'eau du sol et de permettre l'écoulement de l'eau excédentaire vers le bas. La fonction principale de la zone de saturation est de recueillir, de stocker et d'assurer un écoulement naturellement régulé de l'eau vers les puits, les sources et les cours d'eau.

Porosité et perméabilité

La croûte terrestre contient de nombreux types de roches, qui présentent de grandes disparités en termes de taille, de forme et de nombre. Toute eau souterraine se loge dans les espaces libres à l'intérieur de ces roches et entre elles. La zone de saturation peut contenir des dépôts meubles et non consolidés de sable et de gravier, ainsi que des formations rocheuses poreuses telles que le grès et le calcaire. Le terme « poreux » s'applique à diverses substances qui contiennent des brèches ou des pores. Certaines roches ont des pores si nombreux que la roche n'est guère plus qu'une mousse solide, comme une éponge solidifiée. Même certaines des roches dites solides contiennent des pores microscopiques et les roches suffisamment denses et compactes pour être dépourvues de pores sont souvent fracturées ou jointes de manière à former des cavités qui peuvent contenir de l'eau.

La porosité est généralement exprimée en pourcentage du volume total qui n'est pas occupé par un corps solide et dépend donc de la taille, de la forme et de la porosité de ses constituants. Par exemple, un gravier de taille uniforme a une porosité élevée, mais si l'on y ajoute du sable, les grands espaces poreux entre les graviers sont réduits par les particules de sable qui s'infiltrent. Les roches de faible porosité sont limitées dans leur capacité à absorber, retenir ou restituer de l'eau, qu'elles se trouvent près de la surface de la terre ou en profondeur.

Les roches qui sont poreuses mais possèdent de petits pores, dans lesquels l'eau est retenue par attraction moléculaire, ne permettent pas à l'eau de se déplacer rapidement, car les forces moléculaires sont beaucoup plus puissantes que la force de gravité ou la pression hydrostatique qui, dans ce cas, est celle causée par le poids de l'eau située au-dessus. La roche qui permet à l'eau de lui passer au travers par gravité est beaucoup plus perméable que celle qui retient l'eau par attraction moléculaire.

La vitesse de déplacement de l'eau sous la surface dépend en grande partie de la perméabilité de la roche, c'est-à-dire de sa capacité à laisser passer l'eau sous l'effet de la pression. Les roches peu poreuses sont généralement imperméables en raison de la rareté des voies de circulation, sauf lorsqu'il y a présence de fractures ou de fissures. Les roches très poreuses peuvent également être imperméables si leurs pores sont si petits que l'eau y est retenue par force moléculaire. La profondeur de la zone de saturation dépend de la géologie locale et peut varier de quelques pieds jusqu'à des centaines de pieds.[117] Selon la formation géologique, le niveau de la nappe phréatique peut lui aussi fluctuer. En fait, ces formations géologiques constituent le cadre dans lequel les eaux souterraines se déplacent ou en sont empêchées.

Les réservoirs d'eau souterraine

Le terme réservoir d'eau souterraine est couramment utilisé de manière interchangeable avec le terme aquifère, qui a été défini comme une formation contenant de l'eau souterraine dont l'écoulement est gravitaire, ou simplement comme une masse de matériaux terrestres capable de véhiculer de l'eau à travers ses ouvertures poreuses en quantité suffisante pour constituer une source d'approvisionnement en eau. La perméabilité, plutôt que la porosité, est donc la principale caractéristique pour définir un aquifère.

Le volume de stockage en eau souterraine est égal au volume de l'aquifère saturé multiplié par la porosité de l'aquifère. Ce volume n'est pas une indication de la capacité de ce réservoir à fournir de l'eau de façon continue à des puits et à des sources. La limite du rendement pérenne est fixée par la recharge annuelle moyenne du réservoir d'eau souterraine, tout comme le débit entrant dans un réservoir de surface détermine son rendement utile. Il est probable que plus de 90 % des puits n'atteignent pas le substrat rocheux et qu'une proportion similaire de l'eau pompée provient de roches non consolidées, principalement du gravier et du sable. Les zones de formation de ces aquifères peuvent être regroupés en deux grandes catégories : (1) les cours d'eau et les vallées enfouies, et (2) les plaines et les vallées inter-montagnardes.

Le terme cours d'eau regroupe l'eau contenue dans un canal ainsi que l'eau souterraine contenue dans les alluvions qui sous-tendent le canal et forment les plaines d'inondation qui le bordent. De nombreux puits sont situés de façon à ce que l'eau qui y est pompée soit facilement remplacée par des infiltrations provenant de la rivière. Les

---

117. NdÉ : 1 pied équivaut à 30,48 cm.

vallées enfouies ne sont plus occupées par les cours d'eau qui les ont formées, mais elles peuvent encore ressembler à des cours d'eau du point de vue de la perméabilité des matériaux et de la quantité d'eau souterraine stockée, bien que les capacités d'alimentation et, par conséquent, les capacités de production pérennes sont probablement moindres.

À l'est des montagnes Rocheuses, de vastes plaines reposent sur des sédiments non consolidés. Les réservoirs d'eau souterraine situés sous ces plaines sont approvisionnés principalement dans les zones où ils sont susceptibles d'être alimentés par la percolation des précipitations ou, à certains endroits, des cours d'eau. Les vallées inter-montagnardes de l'ouest sont semblables aux grandes plaines dans la mesure où elles reposent également sur une quantité considérable de matériaux rocheux non consolidés provenant de l'érosion des montagnes. Les lits de sable et de gravier constituent des aquifères dans les vallées inter-montagnardes, où les précipitations contribuent en partie à l'alimentation, mais, en règle générale, les réservoirs d'eau souterraine sont principalement renouvelés par l'infiltration des cours d'eau dans les cônes alluviaux situés à l'embouchure des canyons montagneux.

Outre les aquifères de sable et de gravier non consolidés, il existe des roches aquifères consolidées, notamment le calcaire, le grès et le basalte. Les calcaires, pour lesquels une proportion importante de la roche d'origine a été dissoute et éliminée, contiennent de grands espaces poreux très perméables à l'infiltration d'eau de précipitations et aux mouvements d'eau souterraine. Le grès et les conglomérats sont les équivalents consolidés et cimentés du sable et du gravier. Dans la mesure où la cimentation est totale, la porosité est réduite, ce qui explique que les meilleurs aquifères de grès ne sont que partiellement cimentés et que l'on pense qu'ils tirent l'essentiel de leur eau des pores entre leurs grains. De fines couches de basalte, une roche volcanique, peuvent s'étendre pour former de vastes étendues de plaines dont la perméabilité est équivalente à celle du calcaire. Moins de 10 % de l'eau pompée provient des roches consolidées mentionnées plus haut.

D'autres roches volcaniques, notamment les rhyolites, sont généralement moins perméables que le basalte. Des roches intrusives peu profondes, telles que les dikes, les sills et les necks, sont pratiquement imperméables ou, du moins, peu perméables. Elles interviennent donc principalement en interrompant l'écoulement de l'eau dans les roches perméables qu'elles traversent. Parfois, en raison de couches intermédiaires, deux ou plusieurs nappes phréatiques peuvent se trouver à des niveaux différents, ou, parce que l'eau est retenue par la pression hydrostatique sous une couche imperméable, il peut y avoir un puits artésien.

Études des eaux souterraines

Pour étudier les eaux souterraines, il faut déterminer l'étendue de l'aquifère, son épaisseur, le niveau de la nappe phréatique et le rendement spécifique. La taille et l'emplacement d'un aquifère peuvent être déterminés grâce à la géologie de surface, aux relevés d'échantillons effectués lors du forage des puits, aux relevés électriques qui sont les enregistrements des tests de résistivité électrique et, parfois, à la réflexion sonique du fond d'un aquifère à la suite de petites explosions de dynamite. La méthode de la résistivité électrique exploite les différences de résistivité entre les remblais sédimentaires et le substrat rocheux. Elle est généralement considérée comme l'outil le plus efficace pour les recherches géohydrologiques.

La détermination du niveau de la nappe phréatique peut être effectuée en faisant descendre un ruban ou fil d'acier jusqu'à l'eau d'un puits, en utilisant un détecteur de niveau à flotteur dans un puits, ou en installant une conduite d'air d'une longueur spécifique et en enregistrant la pression d'air nécessaire pour expulser l'eau de la conduite d'air, ce qui indique la profondeur de l'eau au fond de la conduite d'air.

Le rendement spécifique d'un aquifère se définit comme le rapport entre le volume d'eau qui s'écoule par gravité lorsque les roches sont saturées, et le volume total occupé par ces roches. Il est inférieur à la porosité d'un aquifère, car une partie de l'espace poreux est occupée par de l'eau qui ne s'écoulera pas. Le rendement spécifique est utile pour déterminer, à partir des variations de niveau de la nappe phréatique, les quantités d'eau extraites ou nécessaires à la recharge d'un aquifère. Il permet donc de calculer la variation du stockage, même si l'aquifère n'a pas fait l'objet d'une étude approfondie. Par exemple, si un aquifère a une superficie de 6 mi^2, soit 3 840 acres (environ 1 554 ha), et qu'un rendement spécifique moyen de 7,50 % a été déterminé, chaque élévation ou abaissement d'environ 30 cm (un pied) du niveau de l'eau dans la zone représente un changement de 288 acre-pieds[118] d'eau. On obtient ce résultat en multipliant simplement 3 840 acres par 7,50 %.

L'infiltration n'est pas facile à mesurer avec précision et, sur les grands bassins hydrographiques, il est d'usage de considérer la différence entre les précipitations et le ruissellement comme un indice de l'apport, même si elle ne tient compte ni de l'interception par la végétation ni du processus d'évapotranspiration. Le taux d'infiltration, c'est-à-dire la vitesse à laquelle l'infiltration superficielle se produit à un moment donné, n'est pas constant. Par exemple, le taux d'infiltration d'une prairie de limon sableux peut être de 20 ou 25 cm par heure au début, mais ce taux diminue progressivement jusqu'à ce qu'un taux relativement constant d'un peu plus d'un centimètre par heure, appelé la capacité d'infiltration « ultime », soit atteint. Si l'eau disponible est supérieure à la capacité d'infiltration, l'excédent s'écoule ou remplit des étangs.

La capacité d'infiltration peut être calculée en comparant les différences entre (1) le débit entrant et sortant mesuré en surface pour une zone donnée, et (2) les différences entre l'humidité du sol et l'élévation du niveau de la nappe phréatique.

L'inventaire des bassins versants

Le terme « bassin versant » a presque toujours signifié la ligne de partage qui sépare les eaux se déversant dans différents cours d'eau ou océans. Progressivement, ce terme est devenu synonyme de bassin de drainage d'une rivière ou d'un ruisseau, de sorte que, pour la plupart des gens, « bassin versant » signifie la même chose que « bassin de drainage ». Le bassin versant désigne aujourd'hui une zone de drainage de quelques milliers ou centaines de milliers d'acres.[119] C'est devenu une unité sociale et économique pour le développement des collectivités et la conservation de l'eau, du sol, des forêts et des ressources associées. Les inventaires des bassins versants

---

118. Un acre-pied correspond au volume de la superficie d'un acre sur un pied de profondeur.
119. Un acre correspond à environ 0,4 hectare.

sont réalisés en répertoriant les données relatives aux flux entrants et sortants et aux variations des réserves, puis en les équilibrant suivant une certaine périodicité, conformément aux lois hydrologiques. Cela fournit une base de référence pour planifier l'approvisionnement futur en eau, conformément à un inventaire général de l'offre, de la demande et de la capacité de stockage.

Le ruissellement

Le ruissellement se produit lorsque les précipitations qui n'ont pas eu l'occasion de s'infiltrer dans le sol se répandent à la surface du sol et pénètrent dans les cours d'eau. Une partie des précipitations qui s'infiltrent dans le sol percole vers le bas jusqu'au niveau phréatique et pénètre également dans les cours d'eau par le biais de sources ou de suintements. Le suintement comprend l'écoulement dans les nappes phréatiques (suintement de l'affluent) et hors des nappes phréatiques (suintement de l'effluent).

La quantité et le taux de précipitations influencent le volume et le débit maximal d'un cours d'eau. Les caractéristiques physiques d'un bassin versant indiquent ce à quoi on peut s'attendre en termes de volume total et de débit maximal de ruissellement. Un bassin versant relativement imperméable et très pentu peut laisser s'écouler la plus grande partie des précipitations qui y tombent, alors qu'un bassin versant doté d'un sol bien perméable peut permettre l'infiltration d'un pourcentage élevé des précipitations dans le sol. Les lacs, les étangs, les marécages et les réservoirs ont également pour effet d'atténuer les débits les plus élevés dans les cours d'eau situés en contrebas. En général, la perte de débit des lacs et marécages naturels vers les eaux souterraines est faible, car ils existent habituellement en raison d'une percolation faible ou inexistante dans le sol.

En termes simples, l'eau de surface correspond principalement à l'écoulement des cours d'eau. L'Institut d'études géologiques des États-Unis effectue régulièrement des observations sur le débit des cours d'eau dans environ 6 500 stations de jaugeage situées sur tous les principaux cours d'eau et sur un grand nombre de leurs affluents. Les données relatives à l'écoulement comprennent la mesure de la hauteur du cours d'eau, appelée hauteur de jauge ou niveau d'eau, et le courantomètre, qui enregistre la vitesse de l'écoulement. Le débit d'un cours d'eau est obtenu en multipliant la section transversale du cours d'eau par sa vitesse moyenne.

L'analyse des données de ruissellement comprend des données sur les entrées et les sorties d'un réservoir ou d'une autre étendue d'eau, les caractéristiques du bassin versant, les caractéristiques topographiques, la corrélation du ruissellement avec les données sur les précipitations et les données sur l'évaporation et la transpiration.

Les limites de l'hydrologie

De manière générale, la science de l'hydrologie s'intéresse au cycle hydrologique sous tous ses aspects. Celui qui transporte de l'eau latéralement et celui qui trouve des nappes phréatiques conventionnelles ont beaucoup en commun, car ils ont tous deux une technologie qui ne repose que sur des facteurs physiques. L'un s'occupe de l'écoulement des précipitations, tandis que l'autre s'occupe de leur infiltration dans des matériaux rocheux poreux. En ce qui concerne l'approvisionnement en eau, ils ignorent tous deux les structures rocheuses solides et les fissures qu'elles renferment, ainsi que l'eau disponible dans certaines de ces fissures. Ils ignorent aussi complètement la chimie de la terre et les réactions chimiques qui s'y déroulent en permanence.

Même les divers programmes de recherche sur l'approvisionnement en eau négligent à la fois les eaux contenues dans les fissures des roches solides et la chimie de la terre. Le dessalement de l'eau de mer aurait pour effet de court-circuiter le cycle hydrologique puisque l'eau serait obtenue directement de la mer au lieu que l'eau de mer s'évapore dans l'atmosphère et se précipite ensuite sur la terre. L'ensemencement des nuages vise à stimuler le cycle hydrologique et à assurer des précipitations sur certaines zones terrestres. La récupération des eaux usées consiste simplement à prendre les mêmes réserves d'eau disponibles et à tenter de les utiliser encore et encore avant qu'elles ne s'évaporent ou qu'elles ne retournent à la mer. La réduction de l'évaporation des lacs et des réservoirs est une tentative de modifier une partie du cycle hydrologique en vue de retenir une plus grande partie de l'eau stockée en surface. Il ne s'agit pas de déprécier ces programmes de recherche, car ils ont leur place dans la recherche sur l'eau, dans la mesure où les problèmes d'eau dans le monde deviennent de plus en plus aigus. Ce que l'on veut faire comprendre, cependant, c'est qu'ils négligent également de prendre en compte la chimie de la terre.

Si l'eau est le produit d'une réaction chimique, et la littérature regorge d'illustrations de ce type, ces réactions ont-elles lieu à l'intérieur de la terre et, si c'est le cas, pourquoi les hydrologues les ignorent-ils ?

La délimitation inconsciente

Les blocages mentaux existent parce que les mécanismes de pensée suivent certains schémas qui ont été modelés et façonnés par l'apprentissage et l'environnement social, psychologique et économique de l'individu. Par essence, les blocages mentaux sont le résultat de restrictions auto-imposées, qui interviennent à l'insu de l'individu et empêchent parfois la résolution des problèmes.

La plupart des hydrologues actuels, qu'ils travaillent pour une agence gouvernementale ou comme consultants dans un cabinet privé, que leur formation initiale ait été en génie civil ou hydraulique ou en hydrologie des eaux souterraines, ont été tellement endoctrinés et inculqués avec la méthodologie et la technologie basées sur les applications de la théorie du cycle hydrologique que, lorsqu'ils sont confrontés à un problème de pénurie d'eau dans une région particulière, ils ne cherchent une solution qu'en fonction de leur formation et de leur expérience. Malheureusement, comme nous le verrons plus loin, la seule solution apportée dans ces régions est parfois l'importation.

La délimitation consciente

Il va de soi, cependant, qu'au moins certains hydrologues reconnaissent que la géochimie explique la présence de certaines eaux sur la terre et que, par conséquent, c'est une délimitation consciente chez certains, ainsi qu'un blocage mental chez d'autres, qui exclut ces eaux de la science de l'hydrologie.

Robert E. Horton déclare en 1931 que si la science est définie comme la corrélation des connaissances, « il est certain qu'une déclaration sur le domaine, la portée et le statut de l'hydrologie à l'heure actuelle n'est guère plus qu'un acte de naissance ». Bien qu'il reconnaisse que, dans un sens, le champ d'application de l'hydrologie est la Terre et qu'il est donc co-terminal avec d'autres géosciences, il poursuit :

« Plus précisément, le domaine de l'hydrologie, considéré comme une science pure, consiste à retracer et à expliquer les phénomènes du cycle hydrologique. » Horton précise également que « l'hydrologie ne s'intéresse pas aux eaux qui ont été temporairement retirées de la circulation, telles que les eaux de cristallisation ou d'hydratation dans la nature ».[120] Il sous-entend donc que les eaux de cristallisation et d'hydratation sont les résultats du cycle hydrologique. Il a été démontré précédemment que la grande quantité d'eaux de cristallisation ne pouvait pas avoir pour origine le cycle hydrologique.

Oscar E. Meinzer,[121] ancien chef de la division des eaux souterraines de l'Institut d'études géologiques des États-Unis, écrit que le concept central de l'hydrologie est ce que l'on appelle le cycle hydrologique et qu'il concerne particulièrement l'eau après sa précipitation sur la terre et jusqu'à ce qu'elle soit évaporée dans l'atmosphère ou rejetée dans la mer. En parlant des profondeurs relativement importantes sous la surface terrestre, Meinzer reconnaît les nombreuses preuves de la présence d'eau ou des éléments dissociés de l'eau dans une sorte de solution avec d'autres matériaux rocheux et qu'une partie de cette eau interne atteint soit la surface, soit les ouvertures rocheuses proches de la surface.

Meinzer pense que ces eaux d'origine interne sont des ajouts tangibles à la réserve d'eau de la terre. Non seulement il perçoit que certaines eaux de la terre sont d'origine interne, et ne résultent donc pas de l'infiltration des précipitations, mais il va plus loin et annonce à quel domaine il pense que l'étude de ces eaux internes appartient : « Les études critiques sur l'eau d'origine interne ont été faites principalement en liaison avec la volcanologie et la géologie métallifère et ont tout à fait leur place dans ces branches de la géologie. »[122]

Une grave lacune

Si les personnes travaillant dans le domaine de l'hydrologie souhaitent limiter leur science exclusivement aux applications du cycle hydrologique et donc à l'exclusion de l'eau d'origine interne, elles

---

120. *The Field, Scope, and Status of the Science of Hydrology*, Robert E. Horton, *Transactions of the American Geophysical Union*, XII, National Research Council, juin 1931, p. 190.
121. *Hydrology*, Oscar E. Meinzer, McGraw-Hill Book Co., 1942, p. 1-3.
122. Avec l'autorisation de *Hydrology* par Oscar E. Meinzer. Copyright 1942. McGraw-Hill Book Company.

peuvent certainement le faire. Malheureusement, les fonctionnaires, les législateurs et le grand public ignorent généralement l'existence de ces eaux internes et s'imaginent que les hydrologues sont les experts de l'approvisionnement en eau, sans savoir que ces experts ne s'occupent que de certains types d'eau, à savoir le ruissellement des précipitations ou leur infiltration dans des roches poreuses. Il est en effet remarquable, tout autant qu'incongru, que ceux vers qui le monde se tourne pour résoudre les pénuries d'eau puissent être désintéressés au point de reléguer l'étude sur les eaux d'origine interne à d'autres branches de la géologie. S'il est vrai que les géologues des autres branches de la géologie mentionnées, ainsi que de quelques autres, ont effectué des études critiques, il s'agit essentiellement de spécialistes de la géologie s'intéressant à ces eaux internes, non pas en tant que fournisseurs d'eau, mais uniquement pour comprendre le rôle joué par ces eaux dans leurs spécialités particulières. Il est donc étrange que les hydrologues des eaux souterraines n'aient pas développé d'activités de recherche liées au repérage et à l'obtention de ces eaux d'origine interne à des fins d'approvisionnement en eau.

Il s'agit donc d'un hiatus, d'une lacune créée par le désintérêt des hydrologues et le refus des autres spécialistes de la géologie d'établir une théorie et une technologie pour la détection et l'utilisation de ces eaux d'origine interne afin d'assurer l'approvisionnement en eau et rendre service à l'humanité. Compte tenu des limitations en matière d'alimentation et d'eau, à cause desquelles les deux tiers de la population mondiale manquent cruellement d'un niveau acceptable, et compte tenu de l'augmentation de la population mondiale et des autres facteurs qui font que le monde a de plus en plus besoin d'eau et de nourriture, il est impératif de remédier à cette situation. Pour le dire avec beaucoup de prudence, les eaux d'origine interne constituent ce que l'on pourrait appeler, du point de vue du potentiel d'approvisionnement en eau, un domaine de recherche fructueux.

Même si les hydrologues affirment, du moins entre eux, qu'ils ne s'intéressent pas aux eaux d'origine interne et qu'ils les connaissent mal, ils n'en continuent pas moins à se bercer d'illusions ainsi que le grand public. Ils le font soit en omettant de mentionner l'existence de ces eaux, soit en minimisant leur quantité, soit en dépréciant leur utilité ou leur qualité. Les omissions sont inhérentes à des déclarations telles que : « pratiquement toutes les eaux souterraines proviennent en fin de compte des précipitations ». La minimisation de la quantité de ces eaux est automatique en disant que « la plupart des eaux souterraines sont des précipitations qui se sont infiltrées depuis la surface ». Dans les rares cas où ils admettent qu'il peut y avoir de grandes quantités de ces eaux, ils s'attaquent généralement à leur qualité, comme dans l'exemple suivant : « La quantité provenant de ces sources peut être importante dans l'ensemble, mais l'eau est généralement trop minéralisée pour la plupart des utilisations et est donc évitée lorsqu'elle est rencontrée dans les puits. En substance, toutes les eaux souterraines utilisables font partie du schéma circulatoire du cycle hydrologique ».[123]

Le terme d'eau souterraine est souvent et exclusivement défini comme étant l'eau qui se trouve dans un aquifère conventionnel dans des roches non consolidées et qui fait donc indubitablement partie du schéma de circulation du cycle hydrologique. Ainsi, le fait de jouer avec les mots ne résout pas le problème, il l'aggrave. L'utilisation du terme « eau souterraine » devrait englober toutes les eaux qui peuvent être extraites de la terre.

Il est assez intéressant et peut-être révélateur que dans le même numéro de *Transactions of The American Geophysical Union*, dans lequel figure l'article de Robert E. Horton traitant de la science de l'hydrologie, se trouve un article de Roy W. Goranson intitulé *Solubility of Water in Granite Magmas*. Citons brièvement Goranson : « Les géologues se sont beaucoup intéressés aux composants volatils des magmas, car ils jouent un rôle important en volcanologie, dans le dépôt de minerais et dans d'autres phénomènes ignés. Parmi ces constituants volatils, le plus abondant est l'eau. »[124] Il semblerait logique que les hydrologues, dans le cadre de leur travail, soient exposés à des situations qui indiquent clairement la présence de cette eau nouvelle, qu'ils s'intéressent à en savoir plus à son sujet et que la connaissance de cette eau interne devienne tout à fait courante parmi eux. Cependant, en ce qui concerne la géologie de la terre et sa chimie, non seulement la formation de l'hydrologue des eaux souterraines est quelque peu limitée, mais ses expériences sur le terrain sont également assez sommaires.

---

123. *Underground Sources of Our Water,* Harold E. Thomas, *Water*, The Yearbook of Agriculture, 1955, p. 64.
124. *Solubility of Water in Granite Magmas*, Roy W. Goranson, *Amer. Geophys. Union Trans.* 12, National Research Council, juin 1931, p. 183.

Géologues contre hydrologues

Goranson a démontré que l'eau est le composant volatil majoritaire dans les magmas et que les géologues se sont beaucoup intéressés à ces composants volatils. La question qui se pose naturellement est la suivante : quelle est la différence entre le travail du géologue et celui de l'hydrologue ? Harold E. Thomas différencie le rôle du géologue de celui de l'hydrologue comme suit :

> La description d'une roche par un géologue comprend généralement toutes les caractéristiques qui peuvent être observées à l'œil nu, ainsi que par un examen microscopique. Inévitablement, certaines de ces caractéristiques se rapportent aux espaces interstitiels, aux composants solubles dans l'eau ou à d'autres caractéristiques présentant un intérêt particulier pour l'hydrologue des eaux souterraines. D'autre part, le géologue et l'hydrologue des eaux souterraines mettent l'accent, respectivement, l'un sur le donut et l'autre sur le trou du donut, et l'on peut s'attendre à ce que leurs perspectives concernant l'importance de certaines caractéristiques d'une roche donnée diffère quelque peu.[125]

Pour ceux qui souhaitent résoudre les problèmes d'eau dans le monde et sont suffisamment ouverts d'esprit pour se rendre compte de l'énorme potentiel d'approvisionnement en eau que les eaux d'origine interne représentent, la déclaration de Thomas est capitale :

> La plus grande différence de perspective réside probablement dans le gravier, le sable et l'argile qui recouvrent presque partout la surface de la terre et peuvent s'étendre jusqu'à des centaines, voire des milliers de pieds de profondeur. Ce sont les endroits les moins propices à la recherche de gisements rentables de la plupart des ressources minérales, mais ce sont de loin les plus importants producteurs d'eau souterraine. Il est probable que plus de 90 % des puits n'atteignent pas le substrat rocheux, et une proportion similaire de l'eau pompée provient de roches non consolidées, principalement du gravier et du sable. C'est dans ces matériaux non consolidés que nos

---

125. *Ground-Water Regions of the United States—Their Storage Facilities*, Harold E. Thomas, Part III of the Physical and Economic Foundation of Natural Resources, Interior and Insular Affairs Committee, House of Representatives, United States Congress, 1952, p. 10.

connaissances sur la présence d'eau souterraine sont les plus poussées.[126]

Lorsque Thomas dit que le gravier, le sable et l'argile sont de loin les principaux producteurs d'eau souterraine, il fait bien sûr référence aux eaux du cycle hydrologique. Dans la mesure où il existe des relations très étroites entre les eaux d'origine interne et le dépôt des métaux et minéraux intéressants d'un point de vue économique, ces mêmes zones sont les endroits les moins propices à la recherche d'eaux d'origine interne, tout comme elles sont les endroits les moins propices à la recherche de gisements rentables de la plupart des minéraux.

Les connaissances de l'hydrologue sur la présence d'eaux souterraines portent essentiellement sur les roches non consolidées. Tolman affirme non seulement que l'étude des masses d'eau dans les roches fracturées, mais consolidées, a été négligée, mais aussi que l'on a supposé à tort que : (1) les propriétés de l'eau dans les fractures des roches consolidées sont similaires à celles des eaux mieux connues dans les roches non consolidées, et (2) la nappe phréatique dans les fractures des roches consolidées est liée à une étendue d'eau sous-jacente de la même manière que la nappe phréatique dans les roches non consolidées est liée à son étendue d'eau sous-jacente.[127]

L'hydraulique

Une définition de ce qu'est l'hydraulique s'impose non seulement parce que de nombreux ingénieurs hydrauliques travaillent dans le domaine de l'approvisionnement en eau, mais aussi parce que beaucoup de gens croient qu'ils sont synonymes d'hydrologues, et donc des spécialistes de l'eau au sens le plus large du terme. Horton a déclaré que « l'hydraulique s'intéresse à la mécanique et à la physique du mouvement des fluides, tandis qu'en hydrologie, les forces et les conditions de mouvement sont naturelles et intimement liées aux activités du cycle hydrologique ».[128] L'hydraulique est l'application pratique de l'hydrodynamique, qui est l'étude mathématique du

---

126. *Idem*, p. 29.
127. *Ground Water*, Cyrus F. Tolman, McGraw-Hill Book Co., 1937, pp. 291-2.
128. *The Field, Scope, and Status of the Science of Hydrology*, Robert E. Horton, *Transactions of the American Geophysical Union*, XII, National Research Council, juin 1931, p. 194.

mouvement, de l'énergie et de la pression des liquides en mouvement. Pour faire simple, l'hydraulique traite de l'eau en mouvement, de son action dans les canaux et les rivières, de son utilisation dans les machines motrices, ainsi que des installations et des machines utilisés pour transporter de l'eau ou l'élever.

Voici un exemple d'enquête récente du California State Water Resources Board menée sous la direction de deux ingénieurs hydrauliques en chef, d'un ingénieur hydraulique senior, de deux assistants ingénieurs civils, d'un assistant géologue, de trois assistants ingénieurs hydrauliques et d'un ingénieur civil junior. Selon le rapport, d'autres ingénieurs hydrauliques, géologues et ingénieurs civils, ainsi qu'un spécialiste des sols et un économiste apportèrent également leur aide. Le rapport de cette enquête est publié dans le Bulletin n° 12 de *Ventura County Investigation*, publié en octobre 1953 et révisé en avril 1956. D'après les titres et fonctions, on ne s'attendrait pas à ce que ces experts aient des connaissances sur les eaux d'origine interne. De plus, la prépondérance d'ingénieurs hydrauliques dans ce projet de recherche suffirait presque à deviner avec précision quelle pourrait être la solution finale proposée. Le résumé du rapport est sans surprise :

> Comme beaucoup d'autres régions du sud de la Californie, le comté de Ventura a récemment connu une augmentation de la consommation en eau au cours d'une période de grave sécheresse, et se trouve donc confronté à la nécessité de développer des sources d'approvisionnement en eau supplémentaires pour répondre à ses besoins croissants. Les problèmes de ressources en eau du comté de Ventura se manifestent par l'abaissement permanent du niveau des nappes phréatiques, l'intrusion de l'eau de mer dans les aquifères exploités, la dégradation de la qualité des eaux souterraines et la diminution générale des réserves d'eau de surface et d'eau souterraine pendant les périodes de sécheresse, jusqu'à des quantités insuffisantes pour satisfaire les besoins de la population. L'atténuation provisoire de ces problèmes impliquera une régulation plus poussée de l'approvisionnement local instable, de manière à ce que les eaux usées stockées pendant les périodes humides puissent être utilisées à bon escient pendant les périodes de sécheresse. La solution définitive des

problèmes d'eau du comté de Ventura résidera dans l'importation d'eau de sources extérieures.[129]

Une nouvelle perspective

L'on considère que l'hydrologie moderne, en tant que science, a
commencé avec les travaux de Pierre Perrault (1608-1680) et d'Edme
Mariotte (1620-1684). Ces hommes ont, pour la première fois, donné
à l'hydrologie un fondement quantitatif.

Avant Perrault, l'on pensait que les eaux des rivières étaient plus abondantes que les précipitations. Il mesura le bassin versant d'une partie
de la Seine et détermina ensuite, à l'aide d'un pluviomètre, la moyenne
des précipitations pendant trois années consécutives. Il constata que
moins d'un sixième de l'eau passait par le canal de la Seine. L'enquête de Mariotte, quelques années plus tard, porta sur l'ensemble du
bassin versant de la Seine en amont de Paris et aboutit à une conclusion similaire à celle de Perrault. Ces premiers travaux pionniers ont
fait date, car on pensait qu'ils prouvaient de manière concluante que
toutes les eaux qui s'écoulent à la surface de la terre sont le résultat de précipitations. Avec le recul, l'on s'aperçoit que ces premières
études portaient exclusivement sur la mesure des précipitations et
des cours d'eau, avec un équipement relativement rudimentaire, et
que leurs conclusions ne tenaient pas compte de l'interception par
les plantes, des pertes dues à l'évapotranspiration, des pertes par
évaporation des étendues d'eau et des taux d'infiltration dans les sols
et les roches. La science de l'hydrologie a progressé depuis ces débuts, mais il faut savoir qu'elle traite exclusivement de l'écoulement
des eaux de surface et des eaux souterraines à travers des matériaux
granulaires perméables, dont les caractéristiques essentielles sont
les précipitations, l'infiltration, l'évaporation, la transpiration, le climat
et les caractéristiques du bassin hydrographique, et qu'elle ignore purement et simplement les eaux des fissures des roches consolidées
ainsi que la chimie de la terre, c'est-à-dire les réactions chimiques qui
produisent l'eau d'origine interne.

Compte tenu de ces éléments, il devient évident qu'une nouvelle
approche est indispensable pour résoudre les défis liés à l'eau. Les

---

129. Bulletin No. 12 — *Ventura County Investigation*, California State Water Resources
Board, octobre 1953, révisé en avril 1956, p. 1-1.

chapitres suivants sont fondés sur des preuves et des connaissances scientifiques et, bien qu'ils s'aventurent parfois audacieusement dans l'inconnu, là où les données disponibles sont insuffisantes pour tirer des conclusions définitives, ils ne le font que pour souligner l'importance du problème et la nécessité de poursuivre les recherches, ce qui va de pair avec le besoin urgent que de nombreuses personnes soient disposées à examiner de nouvelles idées. Ce n'est qu'ainsi que nous pourrons découvrir une source d'eau pure, propre et abondante, qui a été jusqu'à présent presque universellement négligée.

Chapitre 5 – La Terre, une planète dynamique

L'important n'est pas de savoir qui dit vrai,
mais ce qui est vrai.
Thomas Huxley

À l'intérieur de la fine croûte terrestre, on trouve des températures capables de vaporiser du fer ainsi que des pressions qui maintiennent de la roche magmatique à l'état solide. Focalisé sur les problèmes de la vie quotidienne, il arrive cependant que les hommes soient confrontés aux profonds mystères qui se cachent sous leurs pieds lorsque les forces de pression et de température élevée provoquent une fracture dans l'écorce terrestre. Le 27 septembre 1957, un tout nouveau volcan surgit du fond de la mer à quelques centaines de mètres de l'île de Fayal, dans les Açores, crachant des bombes volcanique, des gaz et de la vapeur d'eau qui s'envolent à une altitude d'environ 6 000 m. En novembre 1959, tous les regards sont tournés vers une éruption volcanique sur l'île d'Hawaï, dont la lave se déverse encore dans la mer en janvier 1960.

En 1925, Henry Washington émet l'hypothèse que la constitution interne de la Terre est composée de six sphères et que la sphère extérieure, la moins épaisse, est une enveloppe granitique d'environ 20 km correspondant à la composition des roches ignées moyennes.[130]

Cependant, deux discontinuités sismiques de premier ordre sont à l'origine de la division actuelle de la Terre en trois sphères principales, comme ceci :

1. le noyau central, d'un rayon d'environ 300 km, recouvert :

2. d'un manteau d'une épaisseur comprise entre 2 850 et 2 865 km, lui-même recouvert :

3. d'une croûte dont l'épaisseur varie entre 29 et 50 km.

Cependant, à l'intérieur du noyau, une nouvelle subdivision est découverte à une profondeur d'environ 5 100 km, scindant le noyau en deux parties, l'une interne et l'autre externe. Daly explique cette seg-

---

130. *The Chemical Composition of the Earth*, Henry S. Washington, *Am. Jour. Sci.*, 9, 1925, p. 351.

mentation en avançant que le noyau externe renferme de l'hydrogène et d'autres gaz.[131]

Des données sismiques et d'autres observations indiquent qu'au sein de la croûte terrestre, il existe trois couches principales appelées couches continentales. La première, appelée couche intermédiaire, recouvre la discontinuité sismique la plus élevée. On pense que cette couche est un mélange de basalte et de granite en termes de composition chimique et sa profondeur maximale se situe entre 10 et 29 km. Au-dessus de la couche intermédiaire, se trouve la couche granitique avec une composition typique de roches ignées. La troisième couche, la couche sédimentaire, est composée de sédiments et de roches sédimentaires et métamorphiques, et s'étend jusqu'à des profondeurs d'environ 14 km.

Ces couches continentales sont plus ou moins épaisses. Comme leur nom l'indique, elles sont beaucoup plus épaisses sous les continents que sous les océans. Par exemple, elles sont considérablement plus minces sous l'océan Atlantique et l'océan Indien et sont pratiquement inexistantes dans la région du bassin du Pacifique.

L'existence de couches distinctes de composition massique différente signifie qu'entre ces couches, les éléments seront répartis dans des proportions fixes qui dépendent du comportement chimique de chaque élément, des conditions physico-chimiques présentes et de l'origine des géosphères. Il faut reconnaître que l'évolution géochimique de la terre ne s'est pas arrêtée avec la formation d'une croûte solide sur la terre, ni de l'hydrosphère ou de l'atmosphère. En fait, l'évolution s'est poursuivie tout au long de l'histoire géologique de la Terre – chimiquement modifiable, son évolution géochimique se poursuit aujourd'hui.

La Terre est, et a toujours été au cours de l'histoire géologique, un corps éruptif, depuis lequel des roches en fusion sont remontées et, en s'élevant et en se refroidissant, sont devenues des roches ignées, dont il existe de nombreuses variétés. Il est désormais bien établi que le granite s'est introduit dans l'enveloppe externe de la Terre à différentes époques et que les dernières intrusions de ce type sont des événements assez récents d'un point de vue géologique. En fait, le

---

131. *Meteorites and an Earth-Model*, Reginald A. Daly, *Bull. Geological Society of America*, 54, 1943, p. 401.

granite est en général plus jeune que la plupart des roches auxquelles il est associé, et le magma granitique, qui est léger et dont la température de cristallisation est basse, remonte encore à travers la croûte terrestre.

L'origine de l'hydrosphère terrestre

En examinant l'origine de la Terre, Adams, se basant sur les connaissances actuelles de l'ordre de cristallisation, affirme que les dernières étapes de sa solidification « produisent une couche de basalte, puis une couche de granite, libérant en même temps la plus grande partie de l'eau et du dioxyde de carbone pour former l'océan et l'atmosphère originels ».[132]

Plusieurs auteurs récents ont posé la question de l'origine de l'hydrosphère terrestre.[133] En 1950, alors que William W. Rubey est président de la Société américaine de géologie et également président de notre Conseil national de la recherche, il s'adresse à l'Académie nationale des sciences au sujet des preuves géologiques concernant l'origine de l'hydrosphère et de l'atmosphère terrestres. Selon ses conclusions, les eaux océaniques et l'atmosphère terrestre proviennent de l'intérieur de la Terre et, d'après les calculs de Rubey, depuis qu'elle existe, les sources chaudes ont produit, à elles seules, plus de cent fois la quantité d'eau contenue dans les océans actuels.

Dans son discours à la Société américaine de géologie, le président Rubey rassemble des preuves déterminantes et formulé des hypothèses alternatives qu'il examine ensuite pour en tirer des conséquences vérifiables grâce aux données géologiques actuelles. Cinq ans plus tard, il écrit qu'il semble évident que la majorité des éléments formant les roches sédimentaires et toutes les bases dissoutes dans l'eau de mer proviennent de la météorisation de roches antérieures dans le passé. Cependant, il souligne qu'il ne peut pas s'agir d'une source suffisante pour un groupe de matériaux qu'il appelle les volatiles « excédentaires » (H_2O, CO_2, Cl, N, S et plusieurs autres), « tous beaucoup trop abondants dans l'atmosphère et l'hydrosphère actuelles et dans les

---

132. *The General Character of Deep-Seated Materials in Relation to Volcanic Activity*, L. H. Adams, *Am. Geophys. Union Trans.*, juin 1930, p. 310.
133. *Physics and Geology*, J. A. Jacobs, et al., McGraw-Hill Book Co., 1959, p. 7; *The Ocean of Air*, David I. Blumenstock, Rutgers Univ. Press, 1959, pp. 94-5.

roches sédimentaires anciennes pour être uniquement expliqués par la météorisation des roches ».[134] En cherchant une autre source pour expliquer ces volatiles excédentaires, on se heurte de plein fouet au problème central de l'origine de l'hydrosphère et de l'atmosphère, explique Rubey.

Rubey affirme que seules deux sources possibles ont été suggérées pour ces matériaux « excédentaires » : soit les eaux des océans actuels et tous les autres volatiles excédentaires ont été hérités d'un océan et d'une atmosphère originels, soit ils sont remontés, au cours des temps géologiques, de l'intérieur de la Terre vers la surface. Rankama et Sahama concluent cependant que la vapeur d'eau de l'atmosphère originelle s'est forcément échappée de la terre et que l'eau présente dans l'hydrosphère terrestre est d'origine juvénile.[135]

L'hypothèse alternative selon laquelle les matériaux excédentaires sont remontés à la surface depuis l'intérieur au cours des temps géologiques, dit Rubey, « dépend d'un ou de plusieurs procédés complexes et relativement peu connus de « dégazage » des roches de l'intérieur de la terre, et la complexité de ces procédés plonge l'hypothèse dans des questions de chimie physique et de pétrogenèse ».[136] Il termine son enquête en concluant que « l'hypothèse d'un *dégazage* progressif de l'intérieur de la Terre conduit à des conséquences chimiques à la surface qui semblent tout à fait cohérentes avec les données géologiques recueillies ».[137]

Kulp calcula que 3 400 x 10^{16} tonnes de H_2O se sont échappées de la sous-croûte et du noyau terrestre depuis sa formation.[138] La plus grande partie de cette quantité, 2 200 à 2 600 x 10^{15} tonnes de H_2O, reste encore dans la croûte et le solde, quelque 800 à 1 200 x 10^{15} tonnes de H_2O, s'est soit dissocié en hydrogène et en oxygène, soit échappé à la surface. Ces chiffres de Kulp, remarque Poldervaart, « indiqueraient une moyenne de 2,50 à 4,50 % de H_2O dans les

134. *Development of the Hydrosphere and Atmosphere*, William W. Rubey, *Crust of the Earth*, Special paper 62, Geol. Soc. of America, 15 juillet 1955, p. 633.
135. *Geochemistry*, Kalervo Rankama et Th. G. Sahama, University of Chicago Press, 1950, p. 304.
136. *Development of the Hydrosphere and Atmosphere*, William W. Rubey, *Crust of the Earth*, Special paper 62, Geol. Soc. of America, 15 juillet 1955, p. 633.
137. *Development of the Hydrosphere and Atmosphere*, William W. Rubey, *Crust of the Earth*, Special paper 62, Geol. Soc. of America, 15 juillet 1955, p. 641.
138. *Origin of the Hydrosphere*, J. L. Kulp, *Geol. Soc. Amer. Bull.*, 62, 1951, pp. 326-9.

roches cristallines de la croûte terrestre, ce qui ne semble pas déraisonnable ».[139]

Mason dit que certains ont avancé l'idée que le magma primaire est riche en hydrogène qui, en s'oxydant, produit de l'eau.[140] Ce processus est tout à fait improbable, dit Mason, parce que les roches qui cristalliseraient à partir d'un tel magma primaire contiendraient de l'atome de fer et non de l'ion ferrique fe^{3+}, alors qu'aucune roche de ce type n'a été trouvée. Cependant, Urey déclare de façon très claire : « L'eau et le fer sont tous deux des constituants importants de la Terre. »[141]

En outre, Kennedy fit remarquer que dans les roches ignées récentes, le rapport entre l'ion ferrique et l'ion ferreux permettait de savoir si le magma était humide ou sec.[142] Cette relation est basée sur l'hypothèse que la pression partielle d'O_2 dans la roche fondue, au moment de la cristallisation des minéraux contenant du fer, aurait été produite par la dissociation de l'eau et que cette pression serait égale à la pression d'O_2 produite par la dissociation des oxydes de fer.

En appliquant les données thermodynamiques au problème de la composition des gaz magmatiques, Ellis montre qu'un magma primaire contenant H_2O, H_2S et CO_2 permet d'expliquer les compositions gazeuses observées.[143]

Les systèmes rocheux, l'altération et les marées terrestres

Les roches ont été analysées et classées dans différents systèmes en fonction de leur âge, de leur mode d'origine, de leur altération ultérieure, de leur contenu minéralogique, etc. On estime que la Terre a environ 4,5 milliards d'années et que les roches les plus anciennes datent d'environ 3,3 milliards d'années. On distingue généralement cinq époques géologiques, chacune d'entre elles étant subdivisée et

---

139. Chemistry of the Earth's Crust, Arie Poldervaart, *Crust of the Earth*, Special Paper 62, Geological Society of America, 15 juillet 1955, p. 132.
140. *Principles of Geochemistry*, Brian Mason, John Wiley and Sons, 1958, p. 138.
141. *The Origin and Development of the Earth and Other Terrestrial Planets*, Harold C. Urey, *Geochimica et Cosmochimica Acta*, 1, 1951, p. 233.
142. *Some Aspects of the Role of Water in Rock Melts*, George C. Kennedy, *Crust of the Earth*, Special Paper 62, Geol. Soc. Amer., 15 juillet 1955, p. 502.
143. *Chemical Equilibrium in Magmatic Gases*, A. J. Ellis, *Am. Jour. of Sci.*, 255, 1957, pp. 416-431.

représentant un âge différent dans l'histoire géologique de la Terre. En commençant par la plus ancienne, les voici :

Époques	Périodes	Âge approximatif (en millions d'années)
Précambrien	Archéen	3300 à
	Algonkien	520
Paléozoïque	Cambrien	520 à 440
	Ordovicien	440 à 360
	Silurien	360 à 320
	Dévonien	320 à 265
	Carbonifère	265 à 210
	Mississippien	210 à 185
	Pennsylvanien	
	Permien	
Mésozoïque	Trias	185 à 155
	Jurassique	155 à 130
	Crétacé	130 à 60
Tertiaire	Éocène	60 à 40
	Oligocène	40 à 28
	Miocène	28 à 12
	Pliocène	12 à 1
Quaternaire	Pléistocène	1 à 0,1
	Récent	0,1 à aujourd'hui

L'histoire physique de la Terre s'est traduite par des perturbations généralisées de la croûte terrestre, appelées « révolutions ». Les révolutions Laurentienne et Algomane se produisent au cours de la période du Précambrien, suivies plus tard par la révolution de Killarney à la fin de la période du Précambrien. Ensuite, la révolution Appalachienne met fin à la période du Paléozoïque, la révolution Laramide met fin à la période du Mésozoïque, et la révolution Cascadienne ouvre la période du Quaternaire.

Les roches diffèrent entre elles d'un point de vue chimique, minéralogique et structurel. La composition chimique désigne les éléments chimiques qui composent les minéraux. Par exemple, deux minéraux comme le graphite et le diamant ont une composition identique, constituée uniquement de carbone cristallisé, mais ils n'ont pas les mêmes propriétés ni les mêmes utilisations. Deux roches peuvent avoir une composition chimique identique mais être différentes. La rhyolite, une roche volcanique, et le granite, une roche plutonique, ont la même composition chimique, mais les cristaux granulaires du granite sont bien formés et développés, visibles à l'œil nu, alors que la rhyolite a une surface lisse. Les minéraux sont des assemblages d'éléments chimiques et ils diffèrent les uns des autres, tant sur le plan qualitatif que quantitatif. Les roches, composées de minéraux, diffèrent également les unes des autres, tant qualitativement que quantitativement, en ce qui concerne leur composition minéralogique. Il est donc devenu nécessaire de nommer les roches en fonction de leur contenu minéral, en tenant compte du contenu minéral lui-même, des proportions relatives des minéraux constitutifs et des relations mécaniques et texturales. En général, les roches sont classées en trois grands groupes : ignées, métamorphiques et sédimentaires, même si, dans certains cas, leurs caractéristiques sont moins bien définies et qu'il y a même parfois des chevauchements. Les substances chimiques composent les minéraux, les minéraux composent les roches et les roches composent la structure de la Terre.

Turner et Verhoogen identifièrent les processus chimiques et physiques responsables de l'origine des roches[144] :

1. les processus magmatiques de cristallisation des minéraux et de solidification du verre à partir des magmas à des températures élevées ;

2. les processus métamorphiques de recristallisation et de réaction mutuelle des minéraux dans les roches solides à des températures élevées ;

3. les processus métasomatiques par lesquels les ions interagissent entre les minéraux des roches solides et les gaz ou solutions aqueuses en mouvement, qui se produisent dans une large gamme de températures ; et

4. les processus sédimentaires de météorisation, de dépôt de matières en suspension et de précipitation de matières dissoutes dans l'eau.

---

144. *Igneous and Metamorphic Petrology*, Francis J. Turner et Jean Verhoogen, McGraw-Hill Book Co., 1951, p. 2.

Le but de la pétrologie est de présenter l'origine et l'évolution des roches à partir des données issues de la chimie, d'associations de terrain, de la minéralogie et de la structure des roches elles-mêmes. Dans les masses rocheuses, des changements spontanés surviennent tels que la solidification des magmas liquides, la fusion partielle ou totale des roches solides ou encore la transformation chimique ou physique des sédiments. Dans la mesure où la pétrologie a pour objectif d'étudier les changements qui se produisent spontanément dans les masses rocheuses, elle s'intéresse essentiellement à un flux de cristaux de molécules, d'atomes, d'ions ou de particules entiers, ainsi qu'aux changements qu'ils subissent lorsqu'ils entrent, traversent ou sortent des roches.

Selon l'hypothèse de Dalton, formulée au début du XIXe siècle, l'atome chimique est la particule ultime de la matière et donc indivisible. En 1815, Prout émet l'hypothèse que l'hydrogène est une substance élémentaire dont les autres éléments chimiques sont des composés. Lockyer, en 1876, avance l'idée que dans certains éléments, les atomes sont dissociés lorsqu'ils sont soumis à des températures suffisamment élevées ou à une excitation à haute tension. Après la découverte des isotopes grâce à la méthode des rayons canaux, l'hypothèse de Lockyer est acceptée et confortée au fur et à mesure que les connaissances sur l'atome augmentent.

L'atome est constitué d'un noyau central chargé positivement, le nucléus, autour duquel des électrons chargés négativement tournent sur diverses orbites. La quasi-totalité de la masse de l'atome réside dans le noyau, qui est composé de protons chargés positivement et de neutrons neutres. Le retrait ou l'ajout d'électrons externes transforme l'atome en ion. Les ions chargés positivement ont moins d'électrons qu'il n'en faut pour que l'atome soit électriquement neutre, tandis que les ions négatifs en ont plus.

Les atomes et les ions sont les particules qui composent les cristaux. La chimie cristalline prend en compte la taille de ces particules qui composent les cristaux. La place nécessaire à une particule est régie par l'équilibre établi entre les forces d'attraction et de répulsion de la particule et d'une particule voisine, la distance ainsi établie entre les deux particules étant définie comme la somme des rayons des deux particules. Les atomes et les ions étant les particules qui constituent les cristaux, la taille effective d'un atome ou d'un ion dans une structure cristalline est son rayon atomique ou son rayon ionique.

L'ensemble de la matière dépend des propriétés des atomes et des ions et du schéma structurel que les atomes ou les ions d'un matériau particulier adoptent à certaines températures. Ce schéma structurel, connu sous le nom de « réseau », agit comme un mécanisme de tri qui n'admet que les atomes ou les ions de taille et de forme adéquates dans l'assemblage du minéral.

Si tous les atomes ou ions d'un cristal sont au repos, dans les positions d'équilibre établies par les différentes forces de liaison agissant entre les particules, il devient évident qu'une certaine quantité d'énergie est nécessaire pour désintégrer le cristal en ses constituants individuels. Lorsqu'une roche est exposée à des changements de température, de pression ou les deux, son assemblage minéral change selon des règles définies qui sont régies par les lois de la physique et de la chimie. Ce principe simple, qui est à la base du métamorphisme, explique les observations indiscutables faites sur le terrain, à savoir que les roches solides, lorsqu'elles sont exposées aux forces géologiques au sein de la croûte terrestre, sont continuellement modifiées chimiquement, minéralogiquement et structurellement.

L'altération s'accompagne généralement de perte et de gain de certains éléments et elle est la plupart du temps liée à des mouvements mécaniques de grande ampleur, tels que la formation de failles, de plis, de déformation plastique et de poussées. Lorsqu'une roche est soumise à une contrainte dans les limites de son élasticité, elle reprend son aspect initial une fois la contrainte supprimée. Cette capacité de résilience est souvent appelée « rebond élastique » et elle est totale si l'énergie conservée est égale au travail des forces de déformation. Si une roche est suffisamment sollicitée, elle se rompt. Une partie de la force est utilisée pour déformer la roche de manière permanente et pour produire de la chaleur par frottement, tandis que la force résiduelle est la résilience qui ramène la roche à une position de non-déformation. On pense que les tremblements de terre sont causés par le rebond élastique des roches vers une position de non-déformation.

Dans l'article de Nordenskiold *Du forage de l'eau dans les roches primaires* inséré plus haut, il explique que, dans de nombreux cas, les plis « résultent très probablement moins d'une révolution soudaine que d'une force presque imperceptible, mais néanmoins continuellement active ». Ce sont les variations périodiques de température, explique Nordenskiold, qui provoquent de légères dislocations des strates s'accumulant sur de longues périodes pour former des plis. Les forces périodiques des marées, qui changent de direction toutes les six heures, constituent une source d'énergie continue similaire. Un observateur dans un bateau sur l'océan ne peut pas remarquer les effets des marées solaires et lunaires qui entraînent la montée et la descente périodiques de l'océan. De même, un observateur sur la terre ferme remarque l'effet des marées sur la mer, mais l'ignore sur la masse terrestre.

Pline l'Ancien (23-79 ap. J.-C.) dit qu'à Cadix il y avait une source enfermée tel un puits, qui parfois montait et descendait au même rythme que l'océan, alors qu'à d'autres moments, sa montée et sa descente étaient inverses aux mouvements de l'océan. Lambert[145] cite ce qu'il considère comme quatre cas évidents d'effets directs des forces génératrices de marée, dans la mesure où ils se sont produits loin de la côte et où, par conséquent, la pression de la charge de l'eau de marée était probablement négligeable. Il est intéressant de constater que la première illustration de Lambert concerne toute une série de mines de lignite en Bohème qui furent inondées en 1879, et que les mesures, effectuées sur une période de cinq mois, ont clairement mis en évidence les effets lunaires, solaires et déclinatoires. Sa deuxième illustration est celle de forages situés à plus de 820 m au-dessus du niveau de la mer et à proximité de sources naturelles. La troisième illustration est celle d'un puits artésien à une altitude de 900 m, et la quatrième représente un puits foré dans le calcaire à une profondeur de 230 m et contenant de l'eau douce et non saumâtre.

« Il est remarquable que dans les quatre cas cités, Duchov, Tarka Bridge, Carlsbad et Iowa City, dit Lambert, l'eau atteigne son niveau le plus bas au moment du transit de la lune. »[146] L'explication la plus probable de ce phénomène, selon Lambert, est que la marée terrestre augmente les espaces occupés par l'eau et que, par conséquent, la

---

145. *Report on Earth Tides*, Walter D. Lambert, Coast and Geodetic Survey Spec. Pub. No. 223, 1940, p. 14.
146. *Idem*, p. 17.

quantité d'eau dans le puits de mine, le puits ou le trou de forage diminue.[147]

C. L. Pekeris, du département de géologie du Massachusetts Institute of Technology (MIT), écrit dans la même étude :

> Puisque les forces de marée visibles de la Lune attirent vers l'extérieur les parties de la Terre qui font face à la Lune et celles qui sont à ses antipodes et tendent à pousser vers l'intérieur les régions intermédiaires, il est clair qu'au moment du transit de la Lune, lorsque la marée terrestre est haute, la région sous la station est sous tension et dilatée, tandis que 6 heures plus tard, lorsque le déplacement de la marée terrestre est vers le bas, elle est sous compression.[148]

Albert A. Michelson, dans son étude des micro-marées, a pu comparer la hauteur mesurée des marées avec des valeurs théoriques, ce qui lui permit de déduire que les marées dans les roches sont environ quatre fois moins importantes que les marées dans l'eau. La croûte terrestre est donc périodiquement étirée en profondeur et, si la tension dépasse les limites élastiques de la roche, des fissures horizontales devraient se former.

La recristallisation a généralement lieu dans un environnement métamorphique sous l'effet de l'augmentation de la température et de la pression. Dans les roches métamorphiques, les assemblages minéraux correspondent à un équilibre chimique approximatif obtenu sous certaines combinaisons pression-température qui, bien entendu, peuvent varier d'une roche à l'autre et d'un endroit à l'autre.

La pétrologie, l'étude de l'origine, de la structure et de la composition des roches, est l'application de la chimie physique aux processus de fabrication des roches. Barth[149] souligne que les géologues du passé ne croyaient pas que les lois physico-chimiques ordinaires déterminées en laboratoire pouvaient s'appliquer aux forces colossales qui s'exercent à l'intérieur de la Terre, mais il affirme que les progrès extraordinaires réalisés au cours des cinquante dernières années dans le domaine de la pétrologie l'ont été principalement grâce aux applications théoriques et pratiques de ces principes physico-chimiques

147. *Idem*, p. 18.
148. *Idem*, p. 23.
149. *Theoretical Petrology*, Thomas F. W. Barth, John Wiley and Sons, 1953, p. 2.

fondamentaux. Barth constate que, comme il est habituel dans l'histoire de l'humanité, chaque nouvelle étape a été farouchement combattue par les praticiens conservateurs. Cependant, malgré cette opposition, la nouvelle école de pensée a pris de l'ampleur, de sorte que la nécessité d'études physico-chimiques précises sur les processus de formation des roches est aujourd'hui généralement reconnue, même si les programmes d'études sont en retard dans de nombreuses écoles.

Les roches ignées et l'eau magmatique

Nous avons déjà expliqué que les roches ignées étaient le résultat de la solidification des matériaux rocheux en fusion remontés, appelés « magma ». Un spécialiste de chimie physique considère un magma comme un système multicomposant constitué d'une phase liquide coexistant avec des phases solides, et parfois d'une phase gazeuse.

Une substance peut avoir trois phases distinctes : une phase liquide, une phase gazeuse et une phase solide. L'eau est une phase liquide, la vapeur d'eau est une phase gazeuse et la glace est une phase solide. Si l'eau, la vapeur d'eau et la glace coexistent en équilibre, bien qu'il n'y ait qu'un seul composant, il y a bien trois phases. En revanche, une solution à base de sel et d'eau est un système ne comportant qu'une seule phase. En pétrologie et en métallurgie, ainsi qu'en chimie physique, les diagrammes de phases sont construits conformément à la règle des phases de Gibbs et à la révélation de ses principes par Roozeboom.

Le classique *The Phase Rule And Its Applications* de Findlay[150] est une introduction complète à ce sujet. Selon Rhines, l'utilisation des diagrammes de phases permet de transformer en données intelligibles tous les changements autrement difficiles à comprendre qui se produisent lorsque des substances élémentaires sont mélangées ensemble et chauffées ou refroidies, comprimées ou dilatées.[151] Eitel[152] souligne qu'en cas de changement de température, un composé su-

---

150. *The Phase Rule*, Alexander Findlay, neuvième édition par A. N. Campbell, Dover Publications, 1951.
151. *Phase Diagrams in Metallurgy*, Frederick N. Rhines, McGraw-Hill Book Co., 1956.
152. *Structural Conversions in Crystalline Systems and Their Importance for Geological Problems*, Wilhelm Eitel, Special Paper 66, Geol. Soc. of Amer., 10 octobre 1958, préface.

bit, à travers des processus physico-chimiques, une conversion des positions atomiques dans sa structure cristalline qui ne peut pas être suffisamment décrite par la règle de phase classique de Gibbs.

Outre la classification des roches volcaniques et plutoniques, une autre classification générale s'applique également aux roches ignées. Il s'agit de savoir si elles sont acides, intermédiaires, basiques ou ultrabasiques. Selon la plus ancienne définition, un acide est un composé contenant de l'hydrogène qui peut être remplacé par un métal. Les chimistes considèrent l'acidité par rapport à la concentration d'hydrogène remplaçable, appelé normalité ou concentration équivalente. L'hydrogène est à l'origine de l'acidité, le groupe hydroxyle (OH) est à l'origine de l'alcalinité, qui est basique et opposée à l'acidité. Ainsi, ces deux éléments se neutralisent l'un l'autre. Lorsqu'un acide et une base sont dissous ensemble, l'ion hydrogène de l'acide et l'ion hydroxyle de la base se combinent pour former de l'eau, et les deux autres ions se combinent pour former un sel. Les physiologistes s'intéressent à l'hydrogène ionisé, car c'est l'ion hydrogène qui détermine l'acidité d'un organisme. En pétrographie, le terme « acide » est utilisé pour désigner les roches riches en dioxyde de silicium.

Lorsque la teneur en dioxyde de silicium (SiO_2) est supérieure à 66 %, les roches ignées sont acides ; entre 52 et 66 %, elles sont intermédiaires ; entre 45 et 52 %, elles sont basiques, et lorsque la teneur en dioxyde de silicium est inférieure à 45 %, on les qualifie d'ultrabasiques.[153] Wahlstrom dit que les roches acides sont également riches en alcalis et en alumine, tandis que les roches basiques, bien que pauvres en dioxyde de silicium, sont riches en chaux, en magnésie et en fer.[154] Pour simplifier la description des roches ignées, les constituants clairs sont parfois regroupés sous le nom de roches felsiques, par opposition aux roches mafiques, qui sont sombres, lourdes et riches en fer et en magnésium.

Toutes les utilisations précédentes du terme acide sont correctes dans leurs disciplines respectives, même si, dans la définition la plus récente, un acide est défini comme un composé d'hydrogène qui peut libérer des protons. L'ion hydrogène est un proton.

---

153. *Igneous and Metamorphic Petrology*, Francis J. Turner et Jean Verhoogen, McGraw-Hill Book Co., 1951, p. 51.
154. *Petrographic Mineralogy*, Ernest E. Wahlstrom, John Wiley and Sons, 1955, pp. 31-2.

Les pétrologues ont remarqué depuis longtemps que les roches qui se sont introduites à une période donnée dans une région donnée conservent certaines similitudes en termes de composition minérale et chimique. De là est née l'hypothèse que les roches proviennent d'un seul et unique magma. Daly conclut que le magma basaltique est le magma originel à partir duquel toutes les roches ignées avaient été formées. Bowen, qui considère que la conclusion de Daly est une thèse fondamentale, affirme que les autres types de roches ignées se développent principalement par cristallisation fractionnée, ce que l'on appelle communément la différenciation magmatique ou le processus de différenciation.

Lorsqu'un magma se refroidit dans un certain intervalle de température, il subit des réactions physiques et chimiques qui, selon le principe de Le Châtelier, doivent être exothermiques. Ces réactions chimiques dégagent de la chaleur, comme la condensation de vapeur d'eau et la cristallisation de solides. Ce processus peut être extrêmement compliqué et impliquer une séquence de changements allant de la condensation, à la cristallisation, à l'ébullition, à la résorption des premiers cristaux formés, à la recondensation, et ainsi de suite. Le même magma évoluant dans des conditions physiques différentes réagit différemment et, bien entendu, des magmas de composition différente, même dans des conditions physiques identiques, auront une séquence de cristallisation quelque peu différente.

Bowen affirme qu'il existe un corpus considérable de données expérimentales sur les minéraux silicatés (silicate systems), qui constituent une base fiable pour la cristallisation des roches. Turner et Verhoogen estiment qu'après quarante ans d'études en laboratoire sur la fonte de silicate, une importante conclusion peut se dégager, à savoir que prévaut la relation de réaction entre les minéraux ignés et les fontes à partir desquelles ils cristallisent. Des séries de solutions solides existent dans énormément de groupes de minéraux ignés, et le fait qu'elles développent fréquemment des couronnes réactionnelles (corona, en latin) d'un minéral autour de noyaux centraux d'un autre minéral, est la preuve de l'existence d'une réaction.[155]

Lorsque la température baisse, la cristallisation d'une série de solution

155. *Igneous and Metamorphic Petrology*, Francis J. Turner et Jean Verhoogen, McGraw-Hill Book Co., 1951, p. 111.

solide implique un processus continu, se déroulant sur des intervalles considérables de température et de réaction entre les cristaux et la matière fondue dont ils se séparent. Bowen traite d'un certain nombre de systèmes de silicates qui ont été étudiés en laboratoire.[156]

Kennedy[157] pense que l'eau joue un rôle majeur dans la détermination des tendances de différenciation des magmas basaltiques. Selon Rankama et Sahama, la teneur en eau de la matière fondue d'origine détermine le déroulement de la cristallisation dans les magmas calco-alcalins. Ils soulignent que si la teneur en eau est exceptionnellement faible, la cristallisation se produit d'une certaine manière ; si la teneur en eau est intermédiaire, la cristallisation se déroule normalement et, si la teneur en eau est élevée, la cristallisation a lieu d'une manière encore différente. Dans les magmas riches en eau, la séparation de la biotite commence plus tôt, à une température considérablement plus élevée, et le feldspath potassique est soit très rare, soit absent.[158]

Selon Hatch, Wells et Wells, une étude approfondie des relations texturales entre les minéraux présents dans les roches permet d'établir un ordre de cristallisation. Ils affirment que les premiers minéraux à cristalliser sont ceux qui peuvent être précipités à partir d'une matière fondue presque anhydre à des températures élevées. Ces minéraux comprennent la majorité des silicates que l'on trouve dans les roches basiques – les olivines, la plupart des pyroxènes, les plagioclases calcaires, etc. La séparation de ces minéraux, disent-ils, laisse le liquide relativement enrichi en H_2O et en d'autres composants de faible poids atomique et moléculaire, connus sous le nom de substances volatiles, hyperfusibles ou fugitives.[159] Plusieurs minéraux formant des roches dépendent davantage de la concentration en substances volatiles que de la température élevée pour leur formation et, dans cette catégorie, Hatch, Wells et Wells placent la plupart des minéraux riches en alcali et ceux qui contiennent de l'hydroxyle.

---

156. *The Evolution of Igneous Rocks*, N. L. Bowen, Dover Publications, 1956, pp. 31-2.
157. *Some Aspects of the Role of Water in Rock Melts*, George C. Kennedy, *Crust of the Earth*, Special Paper 62, Geol. Soc. Amer., 15 juillet 1955, p. 502.
158. *Geochemistry*, Kalervo Rankama et Th. G. Sahama, University of Chicago Press, 1950, p. 168.
159. *The Petrology of the Igneous Rocks*, F. H. Hatch, A K. Wells et M. K. Wells, Thomas Murby and Co., 1949, p. 163.

Tous les magmas contiennent des substances volatiles, les plus abondants étant l'eau, le dioxyde de carbone, le chlore, le fluor, et probablement d'autres en petite quantité.[160] Shepherd souligne que les substances volatiles qui peuvent provenir de la lave ont une teneur en eau d'environ 80 %.[161] Cependant, la lave est un magma qui a atteint la surface, et dans la mesure où la solubilité de l'eau dans les silicates fondus semble diminuer avec la baisse de la pression, elle peut perdre la plus grande partie de sa teneur en substances volatiles.[162]

Le magma granitique contient de l'eau dissoute, mais la solubilité de l'eau diminue avec la pression. Goranson[163] montra qu'à 900 °C et à une pression de 4 000 atm, ce qui correspond à une profondeur d'environ 14 km, le magma granitique peut contenir 9 % d'eau dissoute, alors qu'à la même température mais à une pression de 500 atm, le même magma peut contenir moins de 4 % d'eau.

> Les magmas granitiques contenant de l'eau et d'autres substances volatiles ont tendance à concentrer ces éléments dans la phase liquide pendant la cristallisation s'ils sont présents en plus grande quantité que celle absorbée par les phases hydriques (amphiboles et micas). L'eau ainsi concentrée se dissout dans le silicate fondu au fur et à mesure de la cristallisation, à moins que des phénomènes décisifs ne se produisent ou que la pression générée ne dépasse la résistance de la chambre magmatique.[164]

Ces substances volatiles présentes dans les magmas jouent un rôle important à plusieurs égards :

1. de petites quantités d'eau modifient sensiblement les potentiels chimiques des autres composants de la matière fondue ;

2. des composants tels que l'eau, le fluor et le chlore diminuent considérablement la viscosité du liquide silicaté, et

---

160. *The Evolution of Igneous Rocks*, N. L. Bowen, Dover Publications, 1956, p. 282.

161. E. S. Shepherd, *National Research Council Bulletin*, 61, p. 260.

162. *Igneous and Metamorphic Petrology*, Francis J. Turner et Jean Verhoogen, McGraw-Hill Book Co., 1951, p. 49.

163. *The Solubility of Water in Granite Magmas*, Roy W. Goranson, *Am. Jour. Sci.*, 22, 1931, pp. 481-502.

164. *Origin of Granite in the Light of Experimental Studies*, O. F. Tuttle et N. L. Bowen, Geol. Soc. of Amer., Memoir 74, Nov. 21, 1958, p. 85.

3. l'eau abaisse les points de fusion des solides ainsi que les températures auxquelles se produit la cristallisation.

Bowen note que 10 % d'eau provoquent un abaissement du point de fusion d'un peu plus de 500 °C, soit une moyenne d'environ 50 °C pour chaque unité de pourcentage d'eau.[165]

Il n'y a que huit éléments majeurs qui composent les roches ignées et représentent plus de 98,5 % de ces roches. Ces éléments principaux sont, par ordre décroissant, l'oxygène, le silicium, l'aluminium, le fer, le calcium, le sodium, le potassium et le magnésium. La composition chimique des roches ignées n'indique toutefois que l'abondance des éléments constitutifs et non leur mode d'apparition, qui se caractérise par le type de minéraux dans lesquels ils sont incorporés. Par commodité, les minéraux ont été regroupés de sorte qu'ils sont parfois appelés espèces ou groupes de minéraux. Par exemple, les feldspaths constituent, d'un point de vue géochimique, le groupe minéral le plus important, car ils occupent près de 60 % de la masse des roches ignées. Viennent ensuite les pyroxènes et les amphiboles, qui sont principalement des silicates de fer et de magnésium, puis les silices cristallines telles que le quartz.

Les roches volcaniques sont issues de magmas qui sont entrés en éruption sous forme de lave provenant de volcans et de magmas qui se sont refroidis rapidement près de la surface. Les coulées individuelles de roches volcaniques apparaissent sous forme d'extrusions à la surface de la terre. Leur épaisseur varie de quelques pouces à plusieurs centaines de pieds[166] et leur longueur peut atteindre 113 km. Les roches volcaniques intrusives proches de la surface peuvent parfois prendre la forme des cheminées volcaniques dans lesquelles elles se sont solidifiées ou se présenter en feuilles tabulaires connues sous le nom de dikes ou de sills.

La structure et, dans certains cas, la composition minérale indiquent que la cristallisation des roches plutoniques s'est déroulée dans des conditions de refroidissement lent, comparé à la vitesse de refroidissement des roches volcaniques à la surface. On pense que la plupart des roches plutoniques, aujourd'hui exposées en surface, se sont cristallisées à des profondeurs allant de 3 à 19 km. En essayant de

---

165. *The Evolution of Igneous Rocks*, N. L. Bowen, Dover Publications, 1956, p. 288.
166. NdÉ : 1 pouce équivaut à 2,54 cm et 100 pieds équivaut à 30,48 m.

déterminer la profondeur à laquelle se produira la fusion de roches de composition similaire à celle d'un granite moyen, Tuttle et Bowen[167] font les constatations suivantes :

1. en supposant qu'avec la profondeur, la température augmente à raison de 30 °C par kilomètre, la fonte commencera à environ 21 km. Si la teneur en eau est de l'ordre de 9 %, la fonte sera complète à cette profondeur, mais si la teneur en eau est inférieure à 9 %, la fonte commencera à 21 km mais ne sera pas complète avant qu'une température plus élevée (et donc une plus grande profondeur) n'ait été atteinte.

2. si le gradient géothermique est de 50 °C par kilomètre, la fonte commencera à une profondeur d'environ 12 km ;

3. dans la mesure où les gradients géothermiques augmentent avec la profondeur, la profondeur de la fonte complète avec seulement 2 % d'eau ne serait que d'environ 14 km pour un gradient initial de 50 °C par kilomètre et d'un peu plus de 19 km pour un gradient initial de 30 °C par kilomètre ;

4. la température de fusion totale est extrêmement sensible à de légères modifications de la composition chimique. Ainsi, le seul obstacle à la fusion totale est la quantité de substances volatiles. La quantité d'eau et d'autres substances volatiles disponibles pour fluidifier les silicates détermine la quantité de liquide formée à n'importe quelle profondeur.

La vitesse de refroidissement des masses plutoniques moins profondes est également influencée par la taille et la forme du corps magmatique, ainsi que par la température de la roche encaissante dans laquelle le magma s'est infiltré. Les roches plutoniques se présentent sous différentes formes et tailles, les plus petites étant des dykes ou des veines de quelques pouces de large seulement, tandis que des blocs plus importants peuvent affleurer de manière continue sur des milliers de miles carrés. La séquence normale de l'évolution magmatique comprend généralement les roches basiques, puis les roches ultrabasiques, les roches intermédiaires et les roches acides. Le concept de clan de roches, dans lequel un clan est lié par des

---

167. *Origin of Granite in the Light of Experimental Studies*, O. F. Tuttle et N. L. Bowen, Geol. Soc. of Amer., Memoir 74, Nov. 21, 1958, p. 123.

ressemblances de composition, fut préconisé par Wells et Daly et fut suivi par Williams, Turner et Gilbert dans leur ouvrage *Petrography*.[168]

On constate qu'il est communément admis que tous les magmas contiennent des substances volatiles et que l'eau est la plus abondante d'entre elles. Ces eaux sont appelées « eaux magmatiques ».

Les roches métamorphiques et l'eau métamorphique

Les processus métamorphiques qui produisent des roches fondues à partir de roches sédimentaires ou ignées reposent en grande partie sur des réactions qui ont lieu à l'état solide et diffèrent donc fondamentalement de la déposition de matière dans des solutions aqueuses et de la cristallisation de liquide magmatique. Le métamorphisme est l'adaptation physique et chimique des roches solides, une adaptation minéralogique et structurelle aux conditions physiques et chimiques existant en profondeur et différant des conditions dans lesquelles la roche en question fut créée.

Le métamorphisme des roches tend à créer un assemblage minéral stable sous l'effet de la température et de la pression. Un assemblage minéral stable est un assemblage dont l'énergie libre est minimale à une température et une pression données. Tous les assemblages minéraux qui sont dans le même état ont la même énergie interne. La variation de l'énergie interne ne dépend que de l'état initial et de l'état final, et représente l'énergie totale que l'assemblage gagne ou perd au cours d'un processus. L'énergie peut être fournie à l'assemblage ou lui être retirée sous n'importe quelle forme, comme la chaleur, le travail mécanique, le rayonnement, etc. Selon Turner, tous les auteurs s'accordent sur l'importance de l'eau dans le métamorphisme des roches et l'on pense généralement que l'adaptation métamorphique d'un assemblage minéral est en grande partie provoquée par des réactions se produisant grâce à des solutions aqueuses interstitielles ou de leurs équivalents gazeux. Cette eau est en partie fournie par la roche elle-même et en partie dérivée de sources magmatiques, ces dernières étant particulièrement présentes dans le métamorphisme

---

168. *Petrography*, Howel Williams, Francis J. Turner et Charles M. Gilbert, W. H. Freeman & Co., 1954.

de contact.[169] Dans le métamorphisme de contact, les changements sont liés aux contacts avec les roches plutoniques.

Sur la base d'observations sur le terrain et du caractère pétrographique des roches concernées, Turner et Verhoogen[170] établissent une classification des processus métamorphiques. Dans la mesure où, dans les roches métamorphiques, les assemblages minéraux correspondent à un quasi équilibre chimique sous certaines conditions de pression et de température, l'exposition des roches à des températures et à des pressions croissantes modifie l'assemblage minéral selon des règles précises et, à une température suffisamment élevée, un liquide silicaté se forme. Lorsque ce liquide se refroidit, des changements inverses se produisent. D'abord, une roche se cristallise, puis, progressivement, la roche, ainsi que le liquide fondu, changent de composition jusqu'à ce qu'il soit complètement solidifié. Selon la profondeur à laquelle la cristallisation se produit, le liquide se cristallise sous la forme de roches plutoniques ou volcaniques, et est donc parfois appelé roches pseudo plutoniques ou pseudo volcaniques.

Ramberg,[171] dans un traité sur la recristallisation et le remplacement dans la croûte terrestre, a classé les roches métamorphiques. La classification des faciès utilisée par Ramberg est fondée sur des expériences pétrographiques révélant que les assemblages de minéraux obéissent généralement aux lois de l'équilibre chimique. Lors d'une réaction métamorphique, les structures minérales sont progressivement détruites ion par ion, puis de nouvelles structures se forment, différentes des anciennes.

Selon Rankama et Sahama,[172] l'énergie cinétique d'un ion dépend de la température, et, comme l'amplitude de vibration et le nombre de collisions entre les ions varient, même les ions d'un même élément dans une structure peuvent avoir des quantités d'énergie cinétique différentes. En outre, le nombre d'ions libres augmente à des températures élevées et peut migrer vers une nouvelle coordination.

---

169. *Mineralogical and Structural Evolution of the Metamorphic Rocks*, Francis J. Turner, Geol. Soc. of Amer., Memoir 30, 1948, p. 51.

170. *Igneous and Metamorphic Petrology*, Francis J. Turner et Jean Verhoogen, McGraw-Hill Book Co., 1951, p. 371-2.

171. *The Origin of Metamorphic and Metasomatic Rocks,* Hans Ramberg, The University of Chicago Press, 1952, pp. 139-168.

172. *Geochemistry*, Kalervo Rankama et Th. G. Sahama, University of Chicago Press, 1950, p. 250.

Ramberg[173] identifie de nombreuses réactions qui produisent de l'eau lorsque la température augmente et, comme le montrent les études pétrographiques, le côté droit de l'équation, à pression constante, est stable à des températures plus élevées que le côté gauche. Le faciès du schiste vert désigne les roches recristallisées aux températures les plus basses du métamorphisme régional, aux alentours de 100 °C ou moins. L'eau métamorphique est produite avec les réactions typiques suivantes :

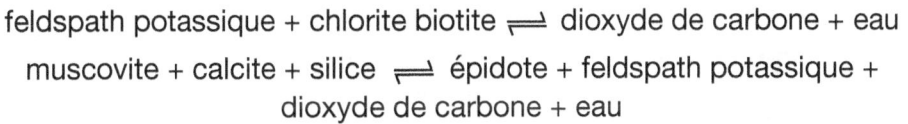

feldspath potassique + chlorite biotite $\rightleftharpoons$ dioxyde de carbone + eau

muscovite + calcite + silice $\rightleftharpoons$ épidote + feldspath potassique + dioxyde de carbone + eau

Le faciès amphibolite à épidote comprend des roches recristallisées à un degré de métamorphisme un peu plus élevé que les schistes verts. De l'eau métamorphique est produite, et une réaction type est :

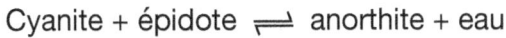

Cyanite + épidote $\rightleftharpoons$ anorthite + eau

Les roches du faciès amphibolite se forment à des températures légèrement supérieures à celles du faciès amphibolite à épidote. La température du faciès amphibolite ne dépasse que rarement 400 à 500 °C. De l'eau métamorphique est produite.

Le faciès granulite succède au faciès amphibolite par une augmentation de la température et de la pression. Les températures du faciès granulite sont de l'ordre de 550 à 650 °C. L'eau métamorphique est produite avec la réaction typique suivante :

muscovite $\rightarrow$ sillimanite + feldspath potassique + eau

biotite + sillimanite $\rightarrow$ silicate + feldspath potassique + eau

biotite $\rightarrow$ hypersthène + feldspath potassique + eau

Le faciès des cornéennes à pyroxène succède au faciès des amphibolites lorsque la température augmente et que la pression diminue. La température de transition entre le faciès des amphibolites et le faciès des cornéennes à pyroxène est d'environ 700 à 750 °C. Le

---

173. *The Origin of Metamorphic and Metasomatic Rocks,* Hans Ramberg, The University of Chicago Press, 1952, pp. 139-168.

faciès des cornéennes à pyroxène constitue le faciès métamorphique de contact le plus courant. De l'eau métamorphique est produite. D'autres faciès ont également été identifiés et examinés par Ramberg : le faciès sanadinite, le faciès éclogite et le faciès des schistes à glaucophane.

Les roches ignées étant elles-mêmes issues de températures élevées, on pourrait penser qu'elles ne sont que peu sensibles aux changements métamorphiques thermiques. Harker explique que « la genèse d'une roche ignée, qui commence par un magma fluide et se termine normalement par un agrégat cristallin, couvre une large gamme de températures décroissantes, et les différents minéraux constitutifs, tels que nous les voyons aujourd'hui, appartiennent à différents stades du processus prolongé de refroidissement. Dans de nombreuses roches, les minéraux les plus récents ont cristallisé à des températures qui peuvent être dépassées lors d'un métamorphisme de degré assez modéré ».[174] En outre, Harker souligne que les minéraux les plus récents peuvent être dérivés d'un magma aux dépens des minéraux antérieurs, qui avaient été cristallisés à une température plus élevée mais ont cessé d'être stables à une température plus basse au contact du magma modifié, et sont donc attaqués par ce dernier.

L'activité volcanique et l'eau volcanique

Au début de ce chapitre, nous avons illustré le dynamisme de la Terre en prenant l'exemple du plus récent volcan du monde au dessus duquel des gaz et de la vapeur d'eau s'élèvent à une altitude d'environ 6 000 m. D'où vient cette vapeur d'eau ? Comme il y a de l'eau dans la plupart des volcans ou à leur proximité, on croyait autrefois que la vapeur d'eau contenue dans les magmas provenait de l'eau qui descendait de la surface de la terre. Cependant, cette preuve, une fois examinée, semble moins convaincante.[175]

Il y a plusieurs hypothèses pour expliquer l'origine de l'eau volcanique. Elle peut faire partie de la matière originelle piégée au moment de la formation de la Terre, ou bien il peut s'agir d'eau magmatique,

---

174. *Metamorphism*, Alfred Harker, Methuen and Co., 1932, p. 102.
175. *Outlines of Physical Geology*, Chester R. Longwell, Adolph Knopf et Richard F. Flint, John Wiley and Sons, 1934, p. 212.

d'eau métamorphique ou d'eau atmosphérique absorbée par le magma des roches environnantes, ou encore avoir été formée par l'union de l'hydrogène et de l'oxygène primitifs.

Dans les îles d'Hawaï, de l'eau volcanique fut recueillie au moyen de tubes placés dans la lave en fusion et fut ensuite analysée. « Il est évident que si l'eau atmosphérique doit atteindre une colonne de lave chaude à une température de 1 000 °C ou plus, elle doit le faire sous forme de gaz, et donc dans les mêmes conditions que les autres gaz atmosphériques. L'argon est toujours présent dans l'air en quantité mesurable et ne forme aucun composé chimique. Par conséquent, si les gaz de l'atmosphère avaient atteint la lave liquide de quelque manière que ce soit, l'argon aurait été libéré avec les autres, mais aucune trace d'argon ne fut trouvée. »[176] Selon Day et Shepherd, une autre difficulté consiste à concevoir un mécanisme par lequel l'eau atmosphérique ou de surface, quelle que soit son origine (par exemple, la mer), peut pénétrer dans une colonne ou un bassin de lave à une température de 1 000 °C ou plus. Ils concluent que l'eau volcanique « peut être considérée comme un composant original de la lave au même titre que le soufre ou le carbone ».[177]

Les gaz magmatiques sont expulsés à la surface ou près de la surface de la Terre par des sources chaudes ou des cheminées de gaz, dont les plus violentes sont, bien sûr, les volcans. Selon Barth, le principal composant des gaz magmatiques est l'eau, qui en constitue plus de 90 %.[178] On y trouve également un surplus de HCl, HF, H_2S, CO_2, et d'autres substances acides plus ou moins volatiles, ainsi que de l'O_2, H_2, CO, N_2, etc., et des composés tels que SiF_4, $SiCl_4$, des chlorures métalliques, etc.

Kennedy pense que c'est principalement la diminution des substances volatiles dans le magma qui met fin à une éruption volcanique. « Les premières laves qui apparaissent après la formation d'un cône volcanique sont généralement relativement fluides, très vésiculaires et riches en eau. Les laves ultérieures qui peuvent apparaître au cours d'une éruption se caractérisent par une viscosité plus élevée et contiennent de moins en moins de substances volatiles. » La dernière

176. *Water and Volcanic Activity*, Arthur L. Day et E. S. Shepherd, Annual Report – The Smithsonian Institution – 1913, p. 304.
177. *Idem*, p. 305.
178. *Theoretical Petrology*, Thomas F. W. Barth, John Wiley and Sons, 1953, p. 144.

lave à émerger, affirme Kennedy, « est pauvre en volatiles et donc d'une viscosité plus élevée ».[179]

Selon Day et Shepherd, il fut constaté que dans la lave en fusion, l'oxygène et l'hydrogène s'unissent pour former de l'eau, et que cette réaction chimique est une source importante de chaleur volcanique. Ils précisent : « L'hydrogène libre libéré par le volcan réagit avec le dioxyde de soufre à 1 000 °C pour donner directement de l'eau et du soufre libre. » À cette température, le dioxyde de carbone et l'hydrogène subissent une réaction similaire. Ainsi, « ni le CO_2 ni le SO_2 ne peuvent être associés à l'hydrogène libre à des températures proches de 1 000 °C sans qu'il y ait formation d'eau ».[180]

---

179. *Some Aspects of the Role of Water in Rock Melts*, George C. Kennedy, *Crust of the Earth*, Special Paper 62, Geol. Soc. Amer., 15 juillet 1955, pp. 494-5.
180. *Water and Volcanic Activity*, Arthur L. Day et E. S. Shepherd, Annual Report – The Smithsonian Institution – 1913, pp. 290-1.

Chapitre 6 – La Terre, une planète dynamique (suite)

Ce qui est prouvé aujourd'hui ne fut jadis qu'imaginé.
William Blake[181]

De nombreuses preuves ont été apportées pour démontrer l'existence d'eau magmatique, métamorphique et volcanique. En effet, il semblerait que l'origine des réserves d'eau de la Terre en provienne de l'intérieur. Cependant, certains de ces phénomènes doivent être examinés de plus près pour être mieux compris.

Les étapes de la cristallisation magmatique

En raison de la cristallisation fractionnée, la différenciation se fait généralement en partant des roches ultrabasiques pour aller vers les roches acides ou siliciques, en passant par les roches basiques et intermédiaires. Plusieurs stades de cristallisation sont généralement identifiés, bien que ces différents stades fassent en réalité partie d'un processus continu de différenciation magmatique par cristallisation. Rankama et Sahama distinguent un stade magmatique précoce, un stade principal de cristallisation et un stade magmatique tardif.[182] Au cours du stade magmatique précoce, des silicates, des sulfures et des oxydes sont formés, tandis que le stade principal produit des gabbros, des diorites et des granites, et que le stade magmatique tardif donne lieu à des pegmatites, des dépôts pneumatolytiques et des dépôts hydrothermaux.[183]

Fersman, selon Turner et Verhoogen,[184] établit quatre stades successifs de cristallisation qui sont déterminés par la chute de la température et sont indiqués ci-dessous :

1. Stade magmatique, où l'équilibre entre le liquide silicaté (phase liquide) et la structure cristalline (phase solide) est maintenu.

---

181. *Le Mariage du Ciel et de l'Enfer*, traduit de l'anglais par Bernard Pautrat.
182. *Geochemistry*, Kalervo Rankama et Th. G. Sahama, University of Chicago Press, 1950, p. 130.
183. *Idem*, p.161.
184. *Igneous and Metamorphic Petrology*, Francis J. Turner et Jean Verhoogen, McGraw-Hill Book Co., 1951, pp. 331-2.

2. Le stade pegmatitique, qui se caractérise par la coexistence des phases solide, liquide et gazeuse à des températures allant approximativement de 800 à 600 °C.

3. Le stade pneumatolytique, dans lequel l'équilibre entre les solides et les gaz est maintenu à des températures allant de 600 à 400 °C.

4. Phase hydrothermique, dans laquelle l'équilibre entre les solides, les solutions aqueuses et les gaz aqueux est maintenu à des températures comprises entre 400 et 100 °C.

L'extraction progressive des premières roches issues de la cristallisation du magma laisse un liquide résiduel qui s'enrichit progressivement en volatiles et en gaz contenant des composés métalliques et d'autres substances intéressantes qui, à l'origine, n'étaient que peu répandues dans le magma. Les volatiles et les gaz, ainsi que leur contenu, ont tendance à s'accumuler dans la partie supérieure de la chambre magmatique où ils peuvent s'échapper dans la roche encaissante et, dans certaines circonstances, former des dépôts minéraux métasomatiques.

Le remplacement, ou remplacement métasomatique, est défini comme un processus simultané de solution capillaire et de dépôt, dans lequel les minéraux de remplacement sont amenés en solution et les substances remplacées sont évacuées de la solution. Comme le souligne Bateman, il s'agit d'un circuit ouvert et non fermé. Le bois pétrifié illustre comment, par remplacement, le bois est transféré au dioxyde de silicium. De même, un minéral peut prendre la place d'un autre, en conservant à la fois sa taille et sa forme d'origine. Selon Bateman,[185] un grand volume de minerai solide peut remplacer un volume égal de roche et donner ainsi naissance à de nombreux gisements de minéraux. Selon Lindgren,[186] les processus métasomatiques typiques ne présentent aucun espace entre le métasome, qui désigne le minéral nouvellement développé, et le minéral parent, même lorsqu'ils sont observés avec la plus grande puissance d'agrandissement. Lindgren montre que des fibres de séricite sont injectées dans le quartz sans la moindre rupture de contact, que les côtés cristallins des rhomboèdres de sidérite traversent les grains de quartzite sans aucun interstice

185. *Economic Mineral Deposits*, Alan M. Bateman, John Wiley and Sons, 1950, p. 137.
186. *Mineral Deposits*, Waldemar Lindgren, McGraw-Hill Book Co., 3e éd., 1928, p. 67.

et que des prismes parfaits de tourmaline se développent dans le feldspath primaire ou le quartz.

Bateman indique que les premiers prélèvements des solutions résiduelles donnent de simples dykes de pegmatites qui sont des variétés de roches ignées, alors que les derniers prélèvements à un stade plus aqueux donnent des pegmatites que l'on appelle des « veines pegmatitiques ».[187] En général, selon Landes,[188] les pegmatites sont plus acides que les corps plutoniques dont elles dérivent et, comme les roches acides sont plus communes que les roches basiques, les pegmatites de roches acides sont plus communes que les pegmatites de roches intermédiaires ou basiques. En se basant sur l'abondance naturelle du sodium, du potassium et de l'aluminium, Goldschmidt a divisé les pegmatites en deux groupes. Son premier groupe de pegmatites est composé de minéraux dans lesquels l'abondance naturelle du sodium plus l'abondance naturelle du potassium est supérieure à l'abondance naturelle de l'aluminium. Dans le deuxième groupe, l'aluminium prédomine sur le sodium et le potassium combinés. Un troisième groupe de minéraux de pegmatite serait celui où l'abondance naturelle du sodium plus l'abondance naturelle du potassium est égale à l'abondance naturelle de l'aluminium.

Vers la fin de la solidification du magma, une partie du liquide résiduel peut se transformer en pegmatites, mais il reste encore des solutions aqueuses qui contiennent des composés minéraux précieux permettant le dépôt de minéraux de valeur en remplacement des minéraux pegmatitiques. Par exemple, lorsque le liquide résiduel tardif (le liquide pegmatitique) d'un granite se refroidit et cristallise, les premiers minéraux formés, tels que le feldspath potassique, le quartz et le mica, seront ceux de la formation la plus récente dans le granite. Cette cristallisation, dit Bateman, enrichit le liquide pegmatitique résiduel en eau, en soude, en lithium et en d'autres substances.[189]

La température critique d'un gaz est la température au-dessus de laquelle le gaz ne peut être liquéfié par la seule pression. Les solutions aqueuses peuvent être liquides ou gazeuses. Lorsqu'une solution aqueuse cristallise au-dessus de la température critique de la vapeur

---

187. *Economic Mineral Deposits*, Alan M. Bateman, John Wiley and Sons, 1950, p. 54.
188. *Origin and Classification of Pegmatites*, Kenneth K. Landes, *Amer. Mineral.* 18, 1933, pp. 95, 33.
189. *Economic Mineral Deposits*, Alan M. Bateman, John Wiley and Sons, 1950, p. 54.

d'eau, les minéraux sont déposés par un gaz ; on parle alors de dépôt pneumatolytique. Si la cristallisation se produit à une température inférieure à la température critique de la vapeur d'eau, les minéraux sont déposés par l'eau et l'on parle de dépôt hydrothermal. Selon Bateman, presque tous les dépôts minéraux épigénétiques sont formés à partir de solutions minéralisantes composées de solutions aqueuses liquides et gazeuses.[190] Le terme épigénétique fait référence à des dépôts qui se sont formés plus tard que les roches qui les renferment, tandis que le terme syngénétique fait référence à des dépôts formés en même temps que les roches qui les renferment.

L'eau, à des températures supérieures au point critique de la vapeur d'eau, est un gaz et peut donc être fortement comprimée. Selon Barth,[191] la vapeur d'eau à 400 °C et à une pression de mille atmosphères a une densité de 0,71, ce qui n'est pas très différent de la densité de l'eau dans des conditions ordinaires. Près de la surface de la Terre, la pression augmente d'environ 500 atm pour chaque mille[192] de profondeur. À des profondeurs plus importantes, la pression augmente à un rythme décroissant pour atteindre une valeur d'environ trois millions d'atmosphères au centre de la terre.[193]

Il fut également démontré que des pressions très élevées pouvaient résulter de la cristallisation dans des systèmes contenant des substances volatiles.[194] Goranson réussit à prouver que la pression ainsi générée pouvait largement dépasser celles requises pour des explosions volcaniques.[195] Ramberg souligne également qu'une cristallisation rapide dans une chambre magmatique aux parois étanches peut, en raison de la pression gazeuse qui se développe rapidement, provoquer une explosion suffisante pour surmonter à la fois la pression hydrostatique de la roche et la résistance des parois de la chambre.[196] De plus, la cristallisation peut provoquer des explosions

190. *Idem*, p.301.
191. *Theoretical Petrology*, Thomas F. W. Barth, John Wiley and Sons, 1953, p. 141.
192. NdÉ : Un mille correspond à environ 1,6 km.
193. *The General Character of Deep-Seated Materials in Relation to Volcanic Activity*, L. H. Adams, *Am. Geophys. Union Trans.*, juin 1930, p. 310.
194. *The Development of Pressure in Magmas as a Result of Crystallization*, G. W. Morey, *Jour. Washington Acad. Sci.* 12, 1922, pp. 219-30.
195. *The Solubility of Water in Granite Magmas*, Roy W. Goranson, *Am. Jour. Sci.*, 22, 1931, pp. 481-502.
196. *The Origin of Metamorphic and Metasomatic Rocks*, Hans Ramberg, The University of Chicago Press, 1952, p. 192.

successives avec une alternance entre un relâchement de la pression et une nouvelle cristallisation.[197] Kennedy explique que la périodicité des éruptions dans une structure volcanique donnée est due à l'arrêt de l'éruption lorsque le bouchon de lave de la cheminée volcanique fut expulsé et que du magma plus sec se mit en place, et que la rupture des relations d'équilibre entre la pression partielle de l'eau, la profondeur et la teneur totale en eau provoque la diffusion de l'eau dans le magma à une pression lithostatique plus faible au sommet de cheminée volcanique (magma column). « Ainsi, la pression partielle de l'eau au sommet de la colonne augmentera régulièrement jusqu'à ce qu'elle soit à nouveau suffisamment élevée pour faire sauter la roche qui la retient et permettre une nouvelle éruption. »[198]

Lors de la cristallisation finale du magma, le liquide résiduel, ou les solutions aqueuses gazeuses, sont éjectés vers des endroits où la pression est moindre et suivent donc les fissures, les joints, les plans de stratification et autres ouvertures où ils subissent un changement chimique par réaction avec les roches de la paroi. Les substances minérales contenues dans ces solutions peuvent remplacer les substances rocheuses ou être précipitées de la solution.

Le dépôt hydrothermal

Comme le terme hydrothermal l'indique, les dépôts hydrothermaux correspondent à des eaux chaudes dont la température varie probablement entre 500 et 50 °C et ils sont étroitement associés au dépôt de métaux et de minéraux. Selon Bateman, tout le monde s'accorde à dire que la plupart des dépôts minéraux d'origine ignée proviennent d'eaux chaudes d'origine magmatique.[199] Lindgren affirme que la majorité des gisements de minerais ont été formés par de grandes quantités d'eaux riches en dioxyde de carbone et en sulfure d'hydrogène et fortement chargées en sels alcalins, alors que dans le métamorphisme, on trouve seulement des petites quantités de solutions qui sont exemptes de la majorité de ces gaz.[200] En fait, les géologues attribuent la plupart de nos métaux et minéraux

197. *Some Aspects of the Role of Water in Rock Melts*, George C. Kennedy, *Crust of the Earth*, Special Paper 62, Geol. Soc. Amer., 15 juillet 1955, pp. 494-5.
198. *Idem*, p.495.
199. *Economic Mineral Deposits*, Alan M. Bateman, John Wiley and Sons, 1950, p. 57.
200. *Mineral Deposits*, Waldemar Lindgren, McGraw-Hill Book Co., 3ᵉ édi., 1928, p. 72.

exploitables aux minéraux métalliques déposés par les processus hydrothermaux.[201]

La teneur en eau initiale d'un magma de composition granitique ou dioritique est évaluée à environ 1 %. Au fur et à mesure de la cristallisation, l'eau exclue des cristaux formés précédemment devient relativement concentrée dans le reste du magma en fusion. De la même manière, le contenu peu abondant de métaux et d'autres substances volatiles, qui étaient à l'origine dispersés dans le magma, se concentre dans le liquide restant.[202] La poursuite de la cristallisation entraîne un enrichissement encore plus important en eau jusqu'à ce que l'accumulation d'eau dépasse la quantité que le magma en fusion restant peut dissoudre. Selon les recherches de Goranson, ce point de saturation serait d'environ 9 % dans certaines conditions de pression. Trois phases coexistantes (la phase solide des minéraux rocheux, la phase liquide du magma en fusion saturé d'eau et la phase gazeuse de l'eau excédentaire qui peut se transformer progressivement en solutions hydrothermales) résulteraient de ces conditions. Ainsi, la cristallisation et la formation croissante de cristaux empiètent sur l'espace laissé aux fluides résiduels et soumettent ces derniers à une pression de plus en plus forte, jusqu'à ce que l'acte final de cristallisation expulse, sous une forte pression, tout l'excès d'eau qui ne pénètre pas dans les minéraux de la roche.

Ramberg note que l'eau ne joue pas seulement le rôle de catalyseur dans l'altération des roches, mais qu'elle est aussi l'un de leurs principaux constituants.[203] Les minéraux hydratés sont abondants dans les roches de niveau faible et moyen. Ils contiennent de l'HO dans leurs réseaux et ne peuvent se former sans H_2O.

Les solutions hydrothermales forment des dépôts remplissant des cavités lorsqu'elles perdent leur contenu minéral par précipitation à l'intérieur de diverses ouvertures dans les roches, ou bien elles forment des dépôts de remplacement par substitution métasomatique des roches de la paroi. Il peut y avoir une gradation entre ces deux types de dépôts minéraux dans la mesure où le remplissage de cavités par précipitation peut s'accompagner d'un remplacement partiel des

201. *Economic Mineral Deposits*, Alan M. Bateman, John Wiley and Sons, 1950, p. 95.
202. *Introductory Economic Geology*, W. A. Tarr, McGraw-Hill Book Co., 1930, pp. 35-6.
203. *The Origin of Metamorphic and Metasomatic Rocks*, Hans Ramberg, The University of Chicago Press, 1952, p. 269.

roches de la paroi. Le remplissage des cavités forme cependant plus de dépôts minéraux que tout autre processus. Une fissure remplie de minerai, appelée « veine de fissure », est le type de remplissage de cavité le plus répandu et le plus important, et produit une grande variété de métaux et de minéraux.

Bateman[204] énumère les éléments nécessaires à la formation de dépôts hydrothermaux : (1) des solutions minéralisantes capables de dissoudre et de transporter des matières minérales, (2) des ouvertures dans les roches par lesquelles les solutions peuvent passer, (3) des emplacements pour le dépôt du contenu minéral, (4) des réactions chimiques qui aboutissent au dépôt et (5) des concentrations suffisantes de matières minérales déposées. Tarr décrit de la même manière les dépôts hydrothermaux : la vapeur d'eau et de nombreux autres gaz contenus dans les solutions magmatiques deviennent liquides lorsque la température tombe en dessous de leurs différentes températures critiques. Ces solutions gazeuses, qui sont des solvants efficaces, dissolvent la plupart des métaux et des terres rares du magma en fusion et les retiennent lorsqu'ils sont concentrés dans les liqueurs résiduelles. Ces liqueurs sont éjectées du magma en suivant les lignes de faiblesse de la roche environnante, où elles créent des ouvertures plus grandes dans lesquelles elles déposent leur contenu minéral. Le refroidissement des solutions et leurs réactions avec la roche de la paroi et d'autres solutions provoquent la précipitation des différents dépôts minéraux.[205]

Il existe deux conceptions quant au caractère préliminaire des solutions hydrothermales. La première est qu'elles ont quitté la chambre magmatique sous forme de liquides chauds et qu'elles sont restées liquides. L'autre, qu'elles ont quitté le magma sous forme d'émanations gazeuses et qu'elles se sont ensuite condensées en liquides chauds. Cependant, dans les deux cas, le refroidissement fait de la dernière phase une phase hydrothermale liquide. Il a été démontré qu'une phase gazeuse recueille, transporte et dépose des métaux. On sait également que les liquides chauds transportent et déposent des métaux.

Il fut précédemment mentionné que l'eau à 400 °C et à une pression de 1 000 atm a une densité de 0,71, ce qui n'est pas très différent

---

204. *Economic Mineral Deposits*, Alan M. Bateman, John Wiley and Sons, 1950, p. 96.
205. *Introductory Economic Geology*, W. A. Tarr, McGraw-Hill Book Co., 1930, p. 40.

de la densité de l'eau dans des conditions normales. Cependant, la vapeur d'eau ainsi fortement comprimée a un pouvoir solvant important sur les composants minéraux non volatils tels que le sodium et le dioxyde de silicium par exemple.[206] L'augmentation de la pression accroît la solubilité des silicates dans un tel gaz supercritique, car la densité du gaz augmente de sorte que le pouvoir de réaction entre les molécules d'eau et les silicates « dissous » devient plus efficace.

Dans de telles circonstances, la précipitation se produit automatiquement le long d'écoulements isothermes horizontaux ou ascendants.[207]

Lindgren a désigné trois groupes de gisements de minerais hydrothermaux en se basant sur les températures, les pressions et les relations géologiques dans lesquelles ils se sont formés, comme l'indiquent les minéraux qu'ils contiennent. Le premier groupe, dit hypothermal, se réfère aux gisements à haute température allant d'environ 300 à 500 °C. Ils se forment généralement, mais pas nécessairement, à grande profondeur sous haute pression et sont parfois appelés « gisements profonds ». Ces gisements sont caractérisés par des minéraux de la gangue tels que le grenat, la biotite, la hornblende, le pyroxène, la spécularite, la magnétite, la tourmaline, la topaze, l'apatite et la scapolite, tous associés à du quartz. Les principaux métaux extraits des gisements hydrothermaux sont l'étain, le tungstène, l'or, le molybdène, le cuivre et le plomb, ainsi que d'autres minerais.

Le second groupe, connu sous le nom de gisements mésothermaux, se forme à des températures intermédiaires et généralement en profondeur sous haute pression. La température varie entre 200 et 300 °C. Les principaux métaux extraits, ainsi que d'autres minerais, sont l'or, l'argent, le cuivre, le plomb et le zinc. Ces gisements sont caractérisés par des minéraux de la gangue dans lesquels on trouve du quartz, de la calcite, de la dolomite, de la sidérite, de la barytine, de la séricite, de la chlorite et de l'albite.

Les gisements épithermaux constituent le troisième groupe. Ils se forment à des températures modérées, dépassant rarement 150 °C, à quelques milliers de pieds[208] de la surface sous une pression

206. *Theoretical Petrology*, Thomas F. W. Barth, John Wiley and Sons, 1953, p. 141.
207. *The Origin of Metamorphic and Metasomatic Rocks*, Hans Ramberg, The University of Chicago Press, 1952, p. 195.
208. NdÉ : 1000 pieds équivaut à 304,8 m.

moyenne, et beaucoup d'entre eux se forment à moins de 50 °C près de la surface. Les principaux métaux présents dans ces gisements sont l'or, l'argent et le mercure, ainsi que d'autres minéraux. Les minéraux de la gangue qui caractérisent ces gisements sont le quartz, la calcédoine, l'opale, la calcite, la dolomite, la barytine, la fluorine, la séricite, la chlorite et l'adulaire.

« Dans l'ensemble, dit Lindgren, il est évident que la grande majorité des gisements de minerai ont été formés relativement près de la surface et dans la zone de fracture, probablement à moins de 4 600 m de profondeur au sein de la croûte, et la plupart d'entre eux à moins de 3 000 m de la surface. »[209] Lindgren explique que bien que certains types de gisements minéraux aient pris naissance dans la zone d'altération ou à la surface, le plus grand nombre fut formé dans la zone de fracture où la circulation des solutions est plus facile que dans d'autres zones.[210] Ces solutions trouvent leur origine à l'intérieur de la Terre.

La zone de fracture à laquelle se réfère Lindgren se base sur la conception des zones de la croûte terrestre développée par Van Hise,[211] dont il a divisé la partie externe en trois zones, en fonction du niveau de déformation lorsqu'elle est soumise à des contraintes. Dans la zone supérieure dite « cassante », la déformation se produit principalement par rupture, faille, jointure, tassement différentiel entre les couches, fissibilité et bréchification. Sous cette couche cassante, il y a une zone (intermédiaire) de transition entre le cassant et le ductile, au-dessous de laquelle se trouve la zone ductile de la roche où la déformation s'effectue par granulation ou recristallisation et où aucune ouverture autre que microscopique n'est produite.

Selon F. D. Adams, dans les conditions qui règnent dans la croûte terrestre, le granite supportera une charge beaucoup plus lourde qu'à la surface de la terre, où il aurait été écrasé.[212] Ses expériences indiquent que des cavités peuvent exister dans le granit jusqu'à une profondeur d'au moins 18 km. Même la zone située sous la croûte terrestre serait sujette à des cassures. Benioff pense qu'au-delà de

209. *Mineral Deposits*, Waldemar Lindgren, McGraw-Hill Book Co., 3e éd., 1928, p. 74.
210. *Idem*, p. 72.
211. C. R. Van Hise, *Trans. Am. Inst. Mining Eng.*, 30, 1901, p. 32.
212. F. D. Adams, *Jour. Geology*, 20, 1912, pp. 97-118.

698 km, le manteau est suffisamment rigide pour contenir des fracturations jusqu'à cette profondeur pendant une dizaine d'années.[213]

Les ouvertures dans les roches ont été classées en deux groupes principaux. D'une part, les cavités originelles et, d'autre part, les cavités induites. Certaines de ces ouvertures sont connectées entre elles pour permettre le mouvement des solutions hydrothermales depuis leur source jusqu'au site de dépôt. Les grands gisements de minéraux externes nécessitent un approvisionnement continu en nouveaux matériaux, ce qui signifie que des voies de passage sont indispensables.

Ramberg étudie une solution hydrique qui progresse à travers une fissure et précipite des minéraux en raison de la diminution de la température d'environ 0,03 °C par mètre. La solubilité de la calcite est de 0,0018 gr pour 100 gr d'eau à 75 °C, alors qu'elle est de 0,0014 gr pour 100 gr d'eau à 25 °C. Ramberg explique :

> La profondeur des 25 °C est presque 100 mètres et, environ 1 600 m plus bas, la température est de 75 °C. Par l'écoulement de la solution vers le haut, 0,0004 g de calcite précipitera le long de la fissure de 1 600 m de profondeur pour chaque 100 g d'H_2O qui y passe. C'est-à-dire que pour accumuler 4 tonnes de calcite en couche mince le long de la fissure, 106 tonnes d'eau sont nécessaires.[214]

Ramberg souligne que ce calcul est artificiel et incertain en raison de l'effet important de la pression du dioxyde de carbone sur la solubilité de la calcite. Néanmoins, il illustre parfaitement le fait que le dépôt de grandes quantités de minéraux externes (de nombreux gisements hydrothermaux contiennent des centaines de tonnes de minerai) nécessite d'énormes quantités d'eau et que des voies de passage sont essentielles.

Le bore est un élément caractéristique des derniers stades de la cristallisation magmatique. Sa petite taille ionique et la volatilité de nombre de ses composés l'empêchent d'être totalement piégé dans les minéraux hydroxylés au cours de la cristallisation magmatique. Bien que le bore cristallise parfois sous forme de minéraux de bore

---

213. *Orogenesis and Deep Crustal Structure – Additional Evidence from Seismology*, H. Benioff, *Geol. Soc. of America Bulletin*, 65, pp. 385-400.
214. *The Origin of Metamorphic and Metasomatic Rocks*, Hans Ramberg, The University of Chicago Press, 1952, p. 197.

indépendants au cours de la dernière phase du stade principal de cristallisation, les minéraux de bore cristallisent généralement au cours des stades pegmatitique et hydrothermal.

Il est communément admis que tous les borates d'Amérique du Nord furent déposés par de l'eau douce et non par de l'eau de mer. Cependant, tous les dépôts de bore ne résultent pas de l'évaporation. Par exemple, la saumure du lac Searles dont on extrait le borax contient environ 36 % de sels au total, dont environ 2,84 % de borax, le reste étant principalement composé de chlorures, de sulfates et de carbonates de potasse et de sodium. En altérant les roches ignées des environs, les eaux de surface ont amené les sels jusqu'au lac où ils se sont concentrés à cause de l'évaporation, mais la pureté des gisements de kernite, dont on tire actuellement la majeure partie du borax, ainsi que leur mode d'apparition, indiquent que leur précipitation a dû se produire à partir d'une eau douce pure distincte de l'eau météorique de surface. L'eau douce de surface aurait également déposé de nombreux minéraux plus communs associés aux dépôts du lac Searles, mais ici, il n'y a aucune preuve d'un tel dépôt. Riess déclare :

> Si l'on tient compte du fait que ces minéraux courants sont absents et que l'on ajoute à cela la présence de stibine et de réalgar, on ne peut que suggérer que les minéraux de bore n'ont pas été lessivés de la surface, mais qu'ils ont au contraire été apportés par la roche ignée souterraine.[215]

Des études sur la constitution isotopique de l'hydrogène et de l'oxygène dans l'eau apportent d'autres preuves, car l'existence d'isotopes lourds d'hydrogène et d'oxygène influe sur la densité de l'eau. Généralement, elle est donnée en termes de différence en parties par million, soit plus légère, soit plus lourde, par rapport à la densité de l'eau du robinet. Par exemple, les différentes formes de précipitations atmosphériques enregistrent des différences de densité plus légères, tandis que l'eau juvénile présente des différences de densité plus lourdes. Nous reviendrons plus en détail sur le rôle de la détermination isotopique, mais il est souhaitable pour l'instant de noter les différences de densité de certains borates.

---

215. *Deep-Seated Rock Aquifers of the Mojave Desert*, Stephan Riess, 19 juin 1959, p. 14.

L'eau de cristallisation du tincal, un borate qui n'existe que sous forme de revêtement sur d'autres borates et est formé par l'hydratation de la kernite et la déshydratation du borax, ainsi que l'eau de cristallisation des minéraux cristallisés dans la saumure du lac Searles, présentent toutes deux des différences de densité plus élevées de 2 à 2,94 ppm, tandis que l'eau de cristallisation de la kernite présente une différence de densité plus élevée de 4 à 6,8 ppm.[216]

Une tonne de kernite, dissoute dans l'eau, donne après cristallisation 1,39 tonne de borax. Le coût relativement faible de la production de borax à partir de la kernite a brusquement mis fin à l'utilisation des gisements de colémanite et d'ulexite dans le district de Kramer du désert de Mojave. On estime que ce district renferme 100 millions de tonnes de kernite et 5 millions de tonnes de borax. 100 millions de tonnes de kernite équivaudraient à 139 millions de tonnes de borax et, avec les cinq autres millions de tonnes de borax, ils constitueraient un gisement total équivalent à 144 millions de tonnes de borax. Le borax contient 47,2 % de H_2O, de sorte que 144 millions de tonnes de borax équivaudraient à 76 millions de tonnes de borax anhydre. La solubilité du borax indique que 3,42 g de borax anhydre se précipiteraient à partir de 100 g d'eau lors d'une chute de température de 40 °C à 20 °C. Ce taux de précipitation signifie que plus de 2,22 milliards de tonnes d'eau douce pure auraient été nécessaires pour précipiter 76 millions de tonnes de borax anhydre.

Cependant, sur ces 2,22 milliards de tonnes, 68 millions de tonnes d'eau se seraient fixées lors de la cristallisation du borax, élevant les 76 millions de tonnes de borax anhydre à 144 millions de tonnes de borax. Plus de 2,15 milliards de tonnes d'eau auraient échappé à la cristallisation du borax et, dans la mesure où la kernite ne contient que 26,5 % de H_2O, 39 millions de tonnes d'eau supplémentaires auraient été libérées.

En d'autres termes, sur les 2,22 milliards de tonnes d'eau nécessaires pour précipiter la quantité estimée de kernite et de borax, seules 29 millions de tonnes d'eau se sont fixées lors de la cristallisation de ces minéraux. Par conséquent, plus de 2,189 milliards de tonnes, ou près de 2 milliards de mètres cubes d'eau douce pure, ont échappé à la cristallisation de la kernite ou du borax.

216. *Isotope Geology*, Kalervo Rankama, Pergamon Press, 1956, pp. 248-9.

Les fissures, les chenaux et les lits perméables sont les principales voies de déplacement des nouveaux minéraux vers le site de dépôt. Les roches friables sont principalement constituées de minéraux à faible mobilité chimique, tels que les silicates calco-ferro-magné-siens. Lorsque ces roches relativement fragiles sont incluses dans des roches plus ductiles, elles contiennent plus fréquemment des failles et des fissures.[217] Certaines cavités servent uniquement de conduits pour les solutions minéralisantes ; d'autres servent de conduits ou de réceptacles pour l'eau, le pétrole et le gaz ; mais la plupart des cavi-tés, dans des circonstances particulières, peuvent être remplies pour former divers types de gisements minéraux hydrothermaux.

Après avoir quitté leur source magmatique, les gaz et les solutions hydrothermales changent de composition chimique lorsqu'ils se déplacent le long des fissures, en partie à cause de la précipitation fractionnée et en partie à cause des réactions entre les solutions et les roches de la paroi de la fissure.[218] Selon Kennedy, l'on dispose de nombreuses preuves qui suggèrent que la pression de vapeur du soufre dans une solution hydrothermale se trouvant dans une veine à un point donné diminue relativement régulièrement entre le début et la fin de la pénétration du minéral.[219] Il affirme que le rapport soufre-mé-tal est plus élevé dans les premiers constituants déposés que dans ceux déposés plus tardivement.

Ramberg[220] souligne que la température des fluides qui sortent d'une chambre magmatique et de ceux qui se propagent vers le haut dans le champ gravitationnel va diminuer, et que cette diminution de la température va provoquer un précipité. En règle général, les baisses de température entraînent une diminution de la solubilité, ce qui pro-voque une précipitation.[221] Cependant, une diminution de la pression peut à elle seule entraîner la précipitation d'un gaz.

---

217. *The Origin of Metamorphic and Metasomatic Rocks*, Hans Ramberg, The Univer-sity of Chicago Press, 1952, p. 219.
218. *Theoretical Petrology*, Thomas F. W. Barth, John Wiley and Sons, 1953, p. 142.
219. *Some Aspects of the Role of Water in Rock Melts*, George C. Kennedy, *Crust of the Earth*, Special Paper 62, Geol. Soc. Amer., 15 juillet 1955, p. 497.
220. *The Origin of Metamorphic and Metasomatic Rocks*, Hans Ramberg, The Univer-sity of Chicago Press, 1952, p. 196.
221. *Economic Mineral Deposits*, Alan M. Bateman, John Wiley and Sons, 1950, p. 102.

Les dépôts hydrothermaux provenant de solutions sont principalement favorisés par les changements de température et de pression, bien que les réactions entre la solution en mouvement et la paroi rocheuse du chenal, en raison de l'incompatibilité chimique entre la solution et la paroi rocheuse, entraînent également des dépôts. Bateman[222] indique que dans de nombreux cas à travers le monde, les données de terrain montrent que, lorsque les parois rocheuses ne sont pas en équilibre avec les solutions, elles ont un grand impact sur le dépôt de minéraux hydrothermaux.

Une veine typique consiste en une fissure qui a été remplie de dépôts minéraux entre les parois et qui présente des limites bien définies. Cependant, si les eaux minéralisantes qui ont rempli la fissure ont agi sur les parois rocheuses et les ont partiellement remplacées par les minéraux de la veine, il peut y avoir une gradation presque complète de la roche inaltérée à la veine pure, sans qu'il y ait de ligne de démarcation nette entre les deux.[223] La nature et l'intensité de l'altération dépendent de la taille de la veine ainsi que de la nature et du type de paroi rocheuse, et des caractéristiques chimiques, de la température et de la pression des solutions minéralisantes. Bateman classa certains des produits d'altération pour différentes parois rocheuses dans des conditions épithermiques, mésothermiques et hypothermiques.[224]

La localisation des gisements hydrothermaux dépend en grande partie des caractéristiques chimiques et physiques de la roche encaissante, de la profondeur de formation, des intrusions, des caractéristiques structurales ou des changements de taille des ouvertures dans la roche. Quelle que soit la qualité de la roche encaissante, le dépôt de minerai ne peut avoir lieu que s'il existe des ouvertures dans la roche pour remplir les cavités ou permettre aux solutions de pénétrer pour le remplacement.

Commençant leur voyage dans la chaleur du magma, les solutions hydrothermales perdent progressivement de la chaleur en fonction du taux de perte de chaleur dans les parois rocheuses qu'elles traversent. Ce taux dépend de la capacité de la roche à évacuer la chaleur, de

222. *Idem*, p. 101.
223. *Dana's Manual of Mineralogy*, James D. Dana, revu par Cornelius S. Hurlbut, Jr., John Wiley and Sons, 16e édition, 1955, p. 421.
224. *Economic Mineral Deposits*, Alan M. Bateman, John Wiley and Sons, 1950, p. 105.

la quantité de solution qui passe et de la possibilité que les réactions chimiques qui ont lieu soient exothermiques, c'est-à-dire qu'elles génèrent de la chaleur. Avec des parois rocheuses froides aux premiers stades de la circulation de la solution hydrothermale, la baisse de température sera relativement rapide, mais le flux continu de la solution chauffera les parois rocheuses à sa propre température et ralentira ainsi la perte de chaleur. Rappelons que, lors de l'apparition accidentelle d'eau nouvelle pendant l'excavation de l'annexe de l'hôpital de Harlem, la température de l'eau se maintint à 18 °C pendant les mois de février et mars 1956, puis augmenta progressivement jusqu'à atteindre 20 °C à la mi-août 1956, et resta à ce niveau jusqu'à ce que le pompage soit arrêté sept mois plus tard, en mars 1957. Un écoulement rapide à travers des ouvertures tortueuses et de grande surface entraînerait une perte de chaleur initiale plus rapide qu'un écoulement rapide à travers une fissure aux parois bien droites et dégagées.

De même, pour les solutions ayant pris naissance sous haute pression à de grandes profondeurs, leur mouvement ascendant s'accompagne généralement d'une baisse de pression qui favorise la précipitation. Toutefois, dans les chenaux, un remplissage partiel par des dépôts minéraux, des rétrécissements ou d'autres barrières peuvent engendrer des surpressions. Cependant, les solutions qui s'échappent vers des zones plus ouvertes, où la pression est plus faible, sont sujettes à la précipitation. Même les minerais des gisements épithermiques proches de la surface n'ont pas été formés par la circulation ordinaire des eaux de surface. La meilleure preuve en est, selon Lindgren, que les périodes de remplissage de veines furent de courte durée et qu'elles suivirent de près chaque éruption importante.[225]

Nous interprétons les solutions hydrothermales en grande partie par analogie avec les sources chaudes et les expériences de laboratoire, ainsi que par leur action visible sur les minéraux déposés et sur l'altération des parois rocheuses.

Les sources chaudes

Un rapport de Stearns, Stearns et Waring, publié en 1937, répertorie 1 059 sources thermales ou emplacements de sources. Cinquante-deux d'entre elles se trouvent dans la région East-Central,

---

225. *Mineral Deposits*, Waldemar Lindgren, McGraw-Hill Book Co., 3ᵉ éd., 1928, p. 442.

trois dans la région des Great Plains et toutes les autres (1 004) dans la région de Western Mountain. Les États ayant le plus grand nombre de sources thermales, selon la liste du rapport, sont l'Idaho avec 203, la Californie avec 184, le Nevada 174, le Wyoming 116 et l'Oregon avec 105. Ce qui est curieux est que ces États ayant le plus grand nombre de sources thermales ont également de vastes territoires ne recevant que peu de précipitations.

Les deux principaux problèmes liés à l'origine des sources thermales sont l'origine de l'eau et l'origine de la chaleur. Il peut s'agir d'une eau nouvelle, provenant du magma lui-même, qui atteint la surface pour la première fois ; il peut s'agir d'une eau souterraine ordinaire qui a percolé vers le bas où elle est chauffée et remonte ensuite à la surface ; il peut s'agir d'un mélange de ces eaux dans n'importe quelle proportion. Selon Meinzer, les dernières recherches révèlent que les sources thermales de l'est des États-Unis libèrent des eaux de surface qui ont été chauffées par percolation en profondeur, mais que les sources thermales de l'ouest des États-Unis tirent une partie de leur eau et de leur chaleur de sources magmatiques.[226]

Kirk Bryan[227] a divisé les sources en deux groupes : (1) les sources dues à la pression gravitationnelle transmise par une masse d'eau continue, et (2) les sources d'origine profonde ne s'écoulant pas sous l'effet de la gravité, agissant dans les profondeurs de la Terre, résultant en grande partie de l'expulsion de l'eau pendant la cristallisation des roches ignées. Il subdivise ce groupe en (a) les sources associées au volcanisme ou aux roches volcaniques et (b) les sources dues à des failles ou des fissures qui s'étendent dans les profondeurs de la terre. Près des deux tiers des sources thermales reconnues proviennent de roches ignées, principalement de grandes masses intrusives, qui conservent encore une partie de leur chaleur d'origine, et un grand nombre de ces sources thermales sont situées le long de failles.

Une faille est un élément structurel consistant en une fracture et une dislocation des roches d'un côté de la fracture par rapport à celles de l'autre côté. Il existe deux types de failles : les failles normales et les failles de chevauchement. Les failles varient considérablement dans leur étendue latérale, dans la profondeur qu'elles atteignent et dans

226. *Hydrology*, Oscar E. Meinzer, McGraw-Hill Book Co., 1942, p. 422.
227. *Classification of Springs*, Kirk Bryan, *Jour. Geol.*, 27, 1919, pp. 522-61.

l'ampleur de leur déplacement. Par exemple, Hill et Dibblee estiment à 16 km le déplacement de San Andreas depuis le Pléistocène, c'est-à-dire le début de la période quaternaire.[228] Depuis la fin de l'Éocène, il y a environ quarante millions d'années, le déplacement est de 370 km. Ils estimèrent le déplacement total le long du San Andreas à environ 580 km. Dans la mesure où le tremblement de terre de San Andreas d'avril 1906 entraîna un déplacement de 6 m au maximum, il aurait fallu un très grand nombre de tremblements de terre pour expliquer les importants déplacements qui furent déduits à partir de preuves géologiques. Comme l'a écrit Meinzer :

> Les grandes failles qui peuvent être détectées depuis la surface sur de nombreux milles, qui s'étendent à de grandes profondeurs sous la surface, et qui ont des déplacements de centaines ou de milliers de pieds ont une influence très importante sur l'apparition et la circulation de l'eau souterraine. Non seulement ils affectent la distribution et la position des aquifères, mais ils peuvent aussi agir comme des barrages souterrains, retenant les eaux souterraines, ou comme des conduits qui atteignent les entrailles de la terre et permettent la fuite vers la surface d'eaux profondément enfouies, souvent en grandes quantités et à des températures élevées.[229]

Dans certains endroits, au lieu d'une seule faille bien définie, on trouve une zone de faille comportant de nombreuses petites failles parallèles ou des masses de roches brisées appelées « brèches de faille », qui peuvent constituer des passages efficaces pour l'eau.

Si certaines failles constituent des barrages pour les eaux souterraines, d'autres sont d'importants réservoirs et conduits d'eau souterraine. Les surfaces de rupture étant irrégulières, les côtés opposés dans de nombreuses failles, en particulier les failles normales dans les roches dures, ne sont pas toujours pressés l'un contre l'autre, mais forment des fissures à travers lesquelles l'eau peut s'écouler. Après un déplacement, les deux côtés ne s'ajustent plus l'un à l'autre dans la mesure où les reliefs des parois opposées laissent des interstices. Toujours d'après Meinzer :

---

228. *San Andreas, Garlock, and Big Pine Faults*, M. L. Hill et T. W. Dibblee, Jr., California, *Geol. Soc. of Amer. Bull.*, 64, 1953, pp. 443-58.
229. *The Occurrence of Ground Water in the United States*, Oscar E. Meinzer, U. S. Geological Survey Water Supply Paper 489, 1923, p. 180.

La fonction la plus importante des failles en relation avec les eaux souterraines est peut-être celle de conduits amenant des sources d'eau profondes jusqu'à la surface. Aucun autre type d'ouverture ne s'étend probablement aussi loin sous la surface, et aucune autre disposition structurelle n'est aussi efficace pour permettre l'ascension des eaux profondes. De nombreuses sources doivent leur existence à l'effet de barrage des failles, mais beaucoup d'autres sont les sorties de cours d'eau qui suivent des failles. Dans cette dernière catégorie, beaucoup de sources ont un débit important et relativement uniforme, et peuvent produire des eaux à haute température, sans doute parce qu'elles proviennent de grandes profondeurs où la terre est chaude.

D'excellents exemples de sources produites par la remontée d'eaux profondes à travers les ouvertures des failles se trouvent le long des chaînes de montagnes du Nevada et de l'ouest de l'Utah. Beaucoup de ces sources ont des débits importants, certaines d'entre elles déversant plusieurs pieds cubes par seconde. L'abondance de ces sources et le débit considérable de certaines d'entre elles sont d'autant plus impressionnants que la région dans laquelle elles se trouvent est aride. Les chaînes de montagnes de cette région sont en grande partie constituées de blocs de failles inclinés et, en de nombreux endroits, les pentes alluviales au pied des montagnes sont marquées par des escarpements de failles récentes. Le fait que de nombreuses sources situées le long de ces lignes de faille ne renvoient pas simplement à la surface l'eau qui s'infiltre dans les sédiments des pentes alluviales adjacentes, mais en produisent qui remonte de sources profondes le long des failles, semble démontré par les constats suivants : (1) les sources sont situées le long du tracé général des failles, certains groupes ayant une disposition plus ou moins linéaire ; (2) le débit de nombreuses sources est plus important que ce à quoi on pourrait s'attendre si elles étaient d'origine locale, et certaines des sources les plus importantes se trouvent le long d'étroites chaînes de montagnes sèches qui ne fournissent que peu d'eau ; (3) elles ont un débit relativement uniforme tout au long de l'année, alors que les sources ordinaires de la région fluctuent davantage avec la saison ; (4) beaucoup de ces sources produisent de l'eau dont la température est supérieure à la température annuelle moyenne de la région, et les sources chaudes qui ne sont pas associées à des roches volcaniques sont abondantes ; (5) beaucoup de ces sources jaillissent de bassins profonds que l'on pense être associés à des fissures.[230]

Certaines de ces sources sont décrites dans les documents 277, 365, 423 et 467 de l'Institut d'études géologiques des États-Unis sur l'approvisionnement en eau.

Les eaux chaudes de Steamboat Springs, dans le Nevada, contiennent de l'or, de l'argent, du cuivre, du plomb et du zinc. De nombreuses sources chaudes semblables démontrent sans l'ombre d'un doute que les constituants des dépôts hydrothermaux sont mis en solution, transportés et déposés à partir d'eaux chaudes.[231] Les gaz chauds qui s'échappent du magma sous-jacent à Katmai, en Alaska, sont acides et produisent de grandes quantités d'acide chlorhydrique et d'autres acides. Les fumerolles de la Valley of Ten Thousand Smokes en Alaska, selon Zies, ont déversé 1 250 000 tonnes d'acide chlorhydrique et 200 tonnes d'acide fluorhydrique en un an.[232] Cela confirme le concept de Bowen selon lequel la phase gazeuse qui s'échappe d'une chambre magmatique doit être acide, car elle contient un excès d'acide chlorhydrique, fluorhydrique, sulfurique, carbonique et d'autres acides volatils. Autour des conduits des fumerolles, on trouva des minéraux tels que la magnétite, la spécularite, la molybdénite, la pyrite, la galène et d'autres. Zies découvrit que la magnétite contenait également du plomb, du cuivre, du zinc, de l'étain, du molybdène, du nickel, du cobalt et du manganèse.

Les thermomètres géologiques

Certains minéraux ne transmettent que leur température maximale de formation, d'autres leur température minimale, d'autres encore leur température exacte et d'autres enfin leur température approximative. Les minéraux suivants illustrent les thermomètres géologiques les plus importants[233,234] :

230. *Idem*, pp.185-187.
231. *Economic Mineral Deposits*, Alan M. Bateman, John Wiley and Sons, 1950, p. 95.
232. Emanuel G. Zies, National Geographic Society, *Tech. Paper 4*, 1929.
233. *Melting and Transformation Temperatures of Mineral and Allied Substances*, F. C. Kracek, *Handbook of Physical Constants*, Geol. Soc. of Amer., Special Paper 36, 1942, pp. 139-74.
234. *Geologic Thermometry*, Earl Ingerson, *Crust of the Earth*, Geol. Soc. of Amer., Special Paper 62, 15 juillet 1955, pp. 465-88.

– inclusions fluides dans les minéraux : lorsque l'on examine des cristaux de minéraux provenant de dépôts hydrothermaux, on peut voir des inclusions fluides à l'intérieur du cristal. Elles indiquent certainement que le cristal s'est développé dans un environnement liquide. En outre, des gouttes de ces liquides ont été extraites, analysées et il s'est avéré qu'elles étaient constituées en grande partie d'eau et de constituants magmatiques en solution. En chauffant les minéraux contenant des cavités partiellement remplies de liquide, ce dernier se dilate et le point auquel le liquide remplit la cavité indique la température de formation ;

– points de fusion : ils ne donnent que les températures maximales auxquelles les minéraux peuvent cristalliser, bien qu'ils puissent se former à n'importe quelle température inférieure au point de fusion. Par exemple, la stibine (minerai d'antimoine) à 546 °C et le bismuth à 271 °C ;

– points d'inversion thermique : l'inversion s'accompagne d'une modification de la configuration interne du cristal ou de la symétrie des atomes. Il existe de nombreuses paires de minéraux d'inversion. Par exemple, à 179 °C, l'argentite se transforme en acanthite et, à 573 °C, le quartz bêta prend la place du quartz alpha ;

– exsolution : il existe de nombreux minéraux pour lesquels le point d'exsolution a été déterminé. Par exemple, une solution solide de chalcopyrite et de bornite se dissout dans les minéraux individuels à 475 °C ;

– recristallisation : le cuivre natif recristallise à 450 °C ;

– dissociation : sous pression atmosphérique, la pyrite se dissocie en pyrrhotite et en soufre à des températures supérieures à 615 °C. La dolomite se dissocie à 500 °C en oxyde de magnésium, en calcite et en dioxyde de carbone et, à 890 °C, la calcite se dissocie en chaux et en dioxyde de carbone ;

– modification des propriétés physiques : à des températures comprises entre 240 °C et 260 °C, l'améthyste perd sa couleur ;

– décomposition : la malachite se décompose à 900 °C et la danburite à environ 1 000 °C.

Certains minéraux, en raison de leur association répétée dans des gisements contenant un ou plusieurs thermomètres géologiques, sont classés grossièrement comme minéraux à basse, moyenne ou haute température. Il existe de nombreux thermomètres géologiques approximatifs de ce type. S'il est vrai qu'un seul de ces minéraux ne permet pas de poser un diagnostic, l'association de deux ou plusieurs minéraux de ce type peut constituer un indicateur aussi bon qu'un thermomètre géologique établi. Voici quelques exemples courants de ces minéraux semi-diagnostiques classés en fonction de la température :

Haut	Intermédiaire	Bas	
Magnétite	Chalcopyrite	Stibnite	Rubis argent
Spécularite	Arsénopyrite	Réalgar	Marcassite
Pyrrhotite	Galène	Cinabre	Adulaire
Tourmaline	Sphalérite	Tellurures	Calcédoine
Cassitérite	Tétraédrite	Séléniures	Rhodochrosite
Grenat		Argentite	Sidérite
Pyroxène			
Amphibole			
Topaze			

Expériences en laboratoire

Au départ, l'intérêt pour l'étude des systèmes hydrothermaux provenait essentiellement du désir de synthétiser des minéraux particuliers plutôt que d'une tentative d'obtenir des données systématiques sur la géochimie de la croûte terrestre. Aujourd'hui, nous pouvons dire que pratiquement tous les minéraux courants connus de l'homme ont été synthétisés. Tout le monde sait que l'on fabrique des diamants synthétiques. Il est moins connu que nos scientifiques ont inversé l'objectif des alchimistes et transforment maintenant l'or en mercure pour l'utiliser dans des mesures de précision.

Roy et Tuttle affirment que la plupart des contributions à notre connaissance des systèmes impliquant des substances volatiles proviennent d'études portant sur des problèmes liés aux sciences de la terre et réalisées par des laboratoires qui se consacrent principalement à ce type d'études.[235] Elles furent entreprises dans de nombreux cas parce

---

235. *Investigations Under Hydro-thermal Conditions*, Rustum Roy et O. F. Tuttle, *Physics and Chemistry of the Earth*, Pergamon Press, 1956, p. 138.

que l'on s'est rendu compte que le rôle majeur des substances volatiles dans la genèse des roches ignées et métamorphiques n'était que partiellement compris. Il ne fait aucun doute, selon Lacy, que « les recherches hydrothermales joueront un rôle croissant et vital dans la formulation de la théorie pétrogénétique ».[236]

Les études subsolidaires portent essentiellement sur les conditions d'équilibre des cristaux et de la vapeur. La plupart des études hydrothermales menées pendant la période d'après-guerre ont utilisé des températures et des pressions inférieures à celles auxquelles une fusion apparaît, mais supérieures à la température critique de l'eau.[237] Ces études sur les systèmes hydrothermaux ont permis d'obtenir des informations qui peuvent être appliquées à des problèmes géologiques. Par exemple, les températures et les pressions auxquelles les composés contenant un composant volatile se décomposent, ou les températures et les pressions de certaines réactions telles que serpentine + brucite $\rightleftharpoons$ forstérite + vapeur d'eau. Les températures et les pressions nécessaires à la coexistence stable de tout assemblage minéral peuvent être déterminées. Ces études permettent également d'acquérir des connaissances sur les changements qui interviennent dans l'étendue de la solution solide en fonction de la pression et de la température.

L'effet de la vapeur d'eau sous pression est remarquable en ce sens qu'il abaisse la température à laquelle un minéral se dégèle et devient liquide. Par exemple, le liquidus de l'albite est baissé de 300 °C à une pression de vapeur d'eau de 3 000 kg/cm^2.[238] Les thermomètres géologiques mentionnés précédemment ont été établis par des recherches en laboratoire, et la question de l'origine du granite a récemment été mieux éclairée par des études expérimentales.[239]

---

236. *Minerals and Magmas: Studies at High Temperatures and Pressures*, E. D. Lacy, *Nature*, 29 septembre 1951, p. 537.
237. *Investigations Under Hydro-thermal Conditions*, Rustum Roy et O. F. Tuttle, *Physics and Chemistry of the Earth*, Pergamon Press, 1956, p. 151.
238. *Idem*, pp. 171-3.
239. *Origin of Granite in the Light of Experimental Studies*, O. F. Tuttle et N. L. Bowen, Geol. Soc. of Amer., Memoir 74, 21 novembre 1958, p. 85.

Une réfutation

De nombreuses activités de Riess visant à trouver de l'eau dans des régions confrontées à des pénuries d'eau attirèrent l'attention du plus grand nombre et prirent une telle ampleur dans certaines régions que la Water Resources Division de l'Institut d'études géologiques des États-Unis se sentit obligée de publier un tract de cinq pages, daté d'octobre 1954, s'élevant contre la disponibilité de l'eau primaire ou juvénile pour une utilisation courante.

Le troisième supplément à l'édition de mai 1953 des *Publications of the Geological Survey*, indique-t-on sur sa couverture, est une liste complète des nouvelles publications parues de juin 1953 à mai 1956 inclus, de sorte qu'il couvre la date de publication du tract en question. Ce tract, intitulé, *Availability of Primary or Juvenile Water for Ordinary Uses*, n'est pas un article professionnel, car il ne figure pas dans cette catégorie du troisième supplément. Il ne s'agit pas non plus d'un bulletin, ni d'un article sur l'approvisionnement en eau, puisqu'il ne figure pas dans ce groupe, pas plus dans la liste des enquêtes ou celle des documents divers, voire des circulaires gratuites. Par conséquent, il correspond à la définition d'un tract, un bref traité qui traite d'un sujet de théologie pratique de l'hydrologie des eaux souterraines. Si le lecteur se demande s'il s'agirait en fait d'une publication de la Water Resources Division, la même interrogation nous a permis de constater que non seulement le document en fait mention, mais en plus qu'il fut distribué par une antenne locale de la Water Resources Division.

Les arguments avancés ne nécessitent pas de réfutation scientifique. Néanmoins, ils sont présentés ici afin d'exposer le mode de pensée, non seulement des auteurs, mais aussi de nombreuses personnes impliquées dans la résolution des problèmes liés à l'eau dans notre pays. Ils sont loyaux, travailleurs, bien intentionnés et compétents, mais, malheureusement, leur formation et leur travail ne leur permettent pas d'avoir l'esprit ouvert.

Il est probable que ce document de cinq pages (en réalité seulement quatre pages et un quart) soit le produit immédiat de demandes d'information sur l'eau primaire émanant d'une série de deux articles parus dans le magazine *Fortnight* au cours des mois d'août et de septembre 1953.[240] Cette série est la seule référence à l'eau primaire

---

240. *Revolution in Water-Seeking*, *Fortnight*, August 31, 1953, pp. 10-12 et 14 septembre 1953, pp. 18-19.

dans le tract. Il est évident que les journalistes de *Fortnight* ont été plus consciencieux dans leurs recherches sur le concept de l'eau primaire que les auteurs de ce qui est censé être un article plus savant. Il est tout aussi évident que la série de *Fortnight*, écrite pour la consommation de masse, ne pouvait pas fournir aux auteurs du tract beaucoup d'informations à caractère scientifique. Il est également évident, dans la mesure où l'Institut d'études géologiques des États-Unis ne le mentionne pas, que le tract fut conçu pour être jeté, et c'est peut-être le mieux à faire.

Les auteurs du tract ne cherchaient pas à apprendre, ni même à savoir si ou comment le concept d'eau primaire pouvait différer de la définition presque classique de l'eau juvénile. Ils n'ont fait aucun effort pour entrer en contact avec Riess et ne lui ont pas donné l'occasion de prendre connaissance du contenu de leur travail, que ce soit avant ou après sa publication. L'eau est un sujet extrêmement sérieux, et toutes les pistes susceptibles d'éviter de graves pénuries d'eau dans de nombreuses régions de notre pays devraient être suivies systématiquement. Si ce tract avait été une publication régulière de l'Institut d'études géologiques des États-Unis, il aurait été indexé, son existence aurait été connue et une réfutation appropriée aurait pu être apportée. De cette manière, les divergences d'opinion auraient pu être exposées, les connaissances de chaque participant auraient augmenté et le pays aurait pu progresser vers des solutions plus durables pour notre problème d'eau.

En les mettant dans le même sac, en ne faisant pas la distinction entre les eaux primaires et les autres eaux juvéniles, le tract commet sa première erreur. Les eaux juvéniles ont toujours été associées et définies comme étant fortement minéralisées, et c'est précisément la raison pour laquelle l'on utilise un autre nom comme celui d'eau primaire pour décrire l'eau pure et potable qui est disponible à l'intérieur de la terre. Le tract ne nie pas l'existence de l'eau juvénile, car cela contredirait trop de preuves sur le terrain. Les auteurs disent : « Actuellement, nous ne nous préoccupons pas tant de l'existence de l'eau juvénile que de sa disponibilité en quantités adéquates et de qualité convenable pour les usages courants. »[241] Dans leur analyse,

---

241. *Availability of Primary or Juvenile Water for Ordinary Uses*, C. L. McGuiness et J. F. Poland, Water Resources Div., Geological Survey, United States Dept. of Interior, octobre 1954, p. 3.

ils tentent de traiter séparément la quantité et la qualité, mais cela ne peut se faire tant que l'on ne sait pas de quoi l'on parle et que l'on n'a pas défini la constitution de l'eau juvénile. C'est à ce moment-là, et à ce moment-là seulement, que l'on peut déterminer la qualité ou la quantité de l'eau juvénile. Or, ils ne le font pas. Leurs principaux arguments sont centrés sur la qualité de l'eau juvénile et, afin d'éviter toute déformation de leur propos, nous les citons point par point avant de les commenter. Ils affirment :

> 1. Partout où l'on a recueilli à des fins d'analyse de l'eau que l'on peut considérer avec certitude comme entièrement ou essentiellement juvénile (par exemple sous forme de vapeur s'échappant d'un volcan), on a constaté qu'elle était si riche en constituants minéraux dissous qu'elle était totalement inutilisable pour les usages courants et, dans bien des cas, hautement corrosive.[242]

Ils n'indiquent pas les critères permettant de supposer avec certitude que certaines eaux sont juvéniles. Par conséquent, cet argument n'est en réalité que de la poudre aux yeux. Si les eaux sont fortement minéralisées, elles sont juvéniles, et par conséquent, toutes les eaux juvéniles sont fortement minéralisées. Un raisonnement logique de base met en évidence le caractère fallacieux d'un tel argument. Cela ne nous apprend rien. Dans les chapitres précédents, nous avons mentionné le dépôt de métaux et de minéraux par les sources magmatiques et les fumerolles, reconnaissant ainsi la teneur élevée en minéraux de nombreuses eaux juvéniles qui atteignent la surface de la terre. Des travaux de recherche sont en cours pour trouver une définition claire de la constitution de l'eau juvénile. Dans les travaux les plus récents, les isotopes de l'hydrogène et de l'oxygène semblent être les plus prometteurs.

> 2. Il est inévitable que l'eau juvénile soit fortement minéralisée. L'eau est le solvant universel, capable de dissoudre plus de substances différentes en plus grande quantité que n'importe quel autre solvant. La lecture de n'importe quel manuel de chimie montre également que l'eau chaude sous pression dissout de plus grandes quantités de la plupart des substances que l'eau froide sous pression atmosphérique ou inférieure.[243]

---

242. *Idem*.
243. *Idem*, p. 4.

Accordé ! C'est exactement cela. Il s'agit d'une voie à double sens : lorsque l'eau juvénile se refroidit et qu'elle est soumise à une pression moindre, les substances dissoutes dans l'eau sont précipitées. En outre, la constitution de la roche encaissante, dans laquelle l'eau juvénile circule, peut précipiter des minéraux qui, autrement, à une température et une pression inférieures, ne pourraient pas être précipités. Ce rôle de la roche encaissante ainsi que la découverte d'eau primaire à des températures peu élevées ont été ignorés par les auteurs.

> 3. Ainsi, l'eau juvénile doit inévitablement dissoudre de grandes quantités de constituants chimiques des roches. Au fur et à mesure que l'eau monte vers la surface de la terre et se refroidit, les constituants les moins solubles, comme le dioxyde de silicium, se détachent en grande partie mais, même si l'eau se refroidit à la température atmosphérique, ou presque, à mesure qu'elle s'approche de la surface, elle contient encore de grandes quantités de constituants plus solubles tels que le sodium et le chlorure.[244]

On rappellera que l'eau primaire se trouve dans des roches ignées. Le sodium, un métal alcalin, ne forme aucun corps simple dans les roches ignées. Les métaux alcalins « ne sont présents que dans des corps complexes, formés avec d'autres métaux ».[245] L'essentiel du sodium des roches ignées devrait donc se trouver dans les feldspaths.

À titre de comparaison, il est intéressant de noter que la teneur en sodium est plus faible dans les roches ignées que dans les solides dissous dans de l'eau des lacs et rivières. La teneur en potassium et le rapport entre le sodium et le potassium sont également indiqués[246] :

	Sodium (%)	Potassium (%)	NaK*
Roches ignées	2,83	2,59	1,09
Solides dissous dans de l'eau de lacs et rivières	5,79	2,12	2,73
Solides dissous dans de l'eau de mer	30,62	1,10	27,84
* NaK : alliage de sodium (Na) et de potassium (K)			

---

244. *Idem.*
245. *Geochemistry*, Kalervo Rankama et Th. G. Sahama, University of Chicago Press, 1950, p. 429.
246. *Idem*, p.432.

Nous avons déjà indiqué que le processus de cristallisation commence par former des roches ignées ultrabasiques, puis basiques et intermédiaires, avant de finir par des roches ignées acides. Il fut également démontré que la teneur en eau du magma augmente au fur et à mesure de la cristallisation et que les roches acides contiennent de plus grandes quantités d'oxygène que les roches basiques. L'emplacement de l'eau primaire est davantage concerné par les roches ignées acides que par les roches ignées basiques, et, au cours de la phase principale de cristallisation, la teneur en sodium diminue par rapport au potassium, comme le montrent Rankama et Sahama dans leurs calculs à partir des moyennes de Daly, de la manière suivante[247] :

Type de roche	NaK
Gabbros	2,55
Diorites	1,43
Granodiorites	1,2
Granites	0,76

Les eaux d'origine magmatique profonde sont généralement caractérisées par une teneur considérable en métaux lourds, alors que la concentration de ces métaux dans les eaux d'origine superficielle est faible.[248] On rappellera que la géologie économique attribue aux processus hydrothermaux le dépôt des gisements de minéraux métalliques qui fournissent la majeure partie des métaux et minéraux exploitables. L'un des éléments essentiels à la formation des gisements hydrothermaux est la réaction chimique qui aboutit au dépôt. Par réaction chimique, l'on entend l'interaction de deux ou plusieurs substances qui impliquent une modification de leur composition chimique en raison d'une augmentation, d'une diminution ou d'un réarrangement des atomes au sein de leurs molécules. Cette réalité fut ignorée dans les arguments présentés. Il convient également de rappeler que de nombreuses autorités affirment que la composition chimique des gaz et des solutions hydrothermales change au cours de leur progression le long des fissures dans les roches environnantes, et que cela est dû en partie à la précipitation fractionnée et en partie aux réactions entre les solutions et les parois rocheuses.

247. *Idem*, p.430.
248. *Idem*, p.279.

Le dépôt de minéraux hydrothermaux est profondément affecté par des parois réactives qui ne sont pas en équilibre avec les solutions.

Les solubilités des minéraux sont indiquées dans les tableaux du *Handbook of Chemistry*.[249] Il existe également des tableaux des solubilités des composés inorganiques dans l'eau à différentes températures. À titre purement indicatif, les chlorures sont donnés à différentes températures, mais il a été démontré que l'eau primaire localisée était invariablement inférieure à 36,7 °C et qu'elle était potable. On notera que la solubilité du chlorure de sodium ne diminue pas sensiblement avec la baisse de la température, mais on rappellera que la teneur en sodium des roches ignées est bien inférieure à celle des eaux des lacs et rivières.

Nombre de grammes de substance anhydre dissoute dans 100 g d'eau aux températures suivantes :

Substance	68 °F/20 °C	86 °F/30 °C	104 °F/40 °C	122 °F/50 °C
Chlorure d'ammonium	37.2	41.4	45.8	50.4
Chlorure de baryum	35.7	38.2	40.7	43.6
Chlorure de calcium	74.5	102.0	------	------
Chlorure de cuivre	77.0	80.34	83.8	87.44
Chlorure de lithium	78,5	84.5	90.5	97.0
Chlorure de manganèse	73.9	80.71	88.59	98.15
Chlorure de nickel	64.2	68.9	73.3	78.3
Chlorure de potassium	34.0	37.0	40.0	42.6
Chlorure de sodium	36.0	36.3	36.6	37.0
Chlorure de strontium	36.0	58.7	65.3	72.4

D'autres particularités sont inhérentes à la formation de précipités à partir de solutions. La démonstration de Ramberg sur le dépôt de calcite est rendue difficile par le fait que la pression du dioxyde de carbone a un effet important sur la solubilité de la calcite. Un autre exemple serait la réaction entre des solutions de chlorure de sodium et de nitrate d'argent. Les deux solutions salines sont constituées d'ions dans l'eau, de sorte que, sur les quatre produits possibles ré-

---

249. *Handbook of Chemistry*, Norbert A. Lange et Gordon M. Forker, Handbook Publishers, 1956.

sultant des ions en solution, l'un d'entre eux, le chlorure d'argent, n'étant que légèrement soluble, précipite. Il est également possible de sélectionner deux solutions salines qui, par interaction, donnent deux sels insolubles, qui précipitent tous deux, donnant de l'eau presque pure.

Une autre illustration est celle du sulfate de baryum, une substance ionique, dont le réseau cristallin est composé d'ions baryum et d'ions sulfate disposés alternativement. Si le sulfate de baryum solide entre en contact avec une solution de sulfate de sodium, le réseau tente de se développer en ajoutant des ions sulfate. Comme il n'y a pas d'ions baryum dans la solution, les ions sulfate sont en excès à la surface du solide, ce qui crée une charge négative qui attire les ions sodium de la solution.[250]

Dans la partie consacrée aux roches ignées plutoniques, nous avons expliqué que la cristallisation lente aboutissait à des cristaux de grande taille. Ceci est dû au fait que les ions ou les molécules ont le temps de se disposer de manière ordonnée sur les faces des cristaux déjà présents. Deux conséquences annexes sont à signaler. Le premier, connu sous le nom de « mûrissement d'Ostwald », est la disparition des plus petites particules, par solution dans la liqueur mère, dont le matériau est redéposé sur les particules plus grandes, ce qui donne lieu aux nombreux précipités qui deviennent plus épais au contact de leur liqueur mère. L'autre effet, connu sous le nom de « mûrissement interne d'Ostwald », est la dissolution des coins et des bords des particules irrégulières et leur redéposition dans les parties creuses, ce qui diminue la surface et donne une particule plus solide. Ces particules peuvent ensuite être soudées les unes aux autres par le dépôt de matière solide entre elles.

4. On peut donc en conclure que l'eau véritablement juvénile est fortement minéralisée en toutes circonstances. En tout lieu où les proportions des constituants chimiques indiquent une origine juvénile plutôt que météorique, si l'eau est suffisamment diluée pour des usages courants, elle a nécessairement été mélangée à de l'eau météorique. Elle ne peut donc être considérée comme une source indépendante à l'abri de la sé-

---

250. *Principles and Methods of Chemical Analysis*, Harold F. Walton, Prentice-Hall, 1952, pp. 31-2.

cheresse, ni être exploitée sans tenir compte de l'effet de cette exploitation sur les autres réserves d'eau douce du même bassin.[251]

Le lecteur a-t-il fait attention à la phrase : « En tout lieu où les proportions des constituants chimiques indiquent une origine juvénile plutôt que météorique, ... » ? Voilà nos yeux entièrement poudrés. L'ensemble du texte aurait sans doute pu être réduit et simplifié à : « Toutes les eaux fortement minéralisées sont des eaux juvéniles et, par conséquent, toutes les eaux juvéniles trouvées doivent être fortement minéralisées et ne peuvent donc pas être utilisées pour des usages courants. » Dans la mesure où ces conclusions sont basées sur les arguments précédents, qui ont été réfutés, elles peuvent être ignorées.

Nous avons montré plus haut que les hydrologues estimaient que comme les études critiques des eaux juvéniles avaient été faites dans certaines des autres spécialités géologiques, l'étude approfondie de ces eaux devait être effectuée dans ces domaines spéciaux. L'Institut d'études géologiques des États-Unis dispose de quelques-uns des plus grands scientifiques dans ces autres domaines. Ce sont ces personnes qui ont la formation et l'expérience nécessaires pour évaluer la valeur de l'eau primaire et sa disponibilité pour les usages courants. Si les auteurs du tract avaient été plus conscients de la complexité de la situation, ils auraient au moins fait vérifier leurs conclusions auprès de certains de ces spécialistes.

La géologie isotopique

L'étude des isotopes stables et instables des éléments ainsi que de leurs variations d'abondance a marqué le début d'une période de délimitation plus précise des phénomènes géologiques. Par exemple, jusqu'à une époque relativement récente, c'était une hérésie de douter un seul instant que tout le graphite avait pour origine de la matière organique. Wickman et von Ubisch[252] affirment que non seulement

---

251. *Availability of Primary or Juvenile Water for Ordinary Uses*, C. L. McGuiness et J. F. Poland, Water Resources Div., Geological Survey, United States Dept. of Interior, octobre 1954, pp. 4-5.
252. *Two Notes on the Isotopic Constitution of Carbon in Minerals*, Frans E. Wickman et H. von Ubisch, *Geochimica et Cosmochimica Acta*, 1951, pp. 120-1.

la plupart des étudiants en la matière s'accordent aujourd'hui sur le fait que le graphite peut se former à partir de matière organique ou inorganique, mais aussi qu'il est possible dans de nombreux cas de caractériser l'origine du graphite par sa constitution isotopique. Ils montrent que le rapport C^{12}/C^{13} pour la formation du graphite par métamorphisme de la matière organique est supérieur à 91,0, que la réaction entre une roche carbonatée telle que le calcaire et un magma intrusif est inférieure à 90,0, que les processus pneumatolytiques et hydrothermaux donnent une fourchette provisoirement adoptée de 89,0 à 91,5, et qu'un mélange de deux ou de toutes ces sources engloberait les valeurs indiquées.

De même, c'est une hérésie aujourd'hui de suggérer que des réserves d'eau douce et potable, d'une origine autre que l'infiltration locale en surface, existent à l'intérieur de la terre. Pourtant, les preuves s'accumulent et, tôt ou tard, on finira par admettre que les eaux souterraines ont plus d'une origine.

C'est peu après la découverte du deutérium que l'on a observé pour la première fois de légères différences dans la densité de l'eau provenant de différentes sources. Ces légères différences n'avaient pas été notées auparavant parce que les erreurs expérimentales étaient plus importantes lors des mesures de poids atomique.

Rankama[253] cite les conclusions de nombreux chercheurs concernant les variations de la densité dues aux différentes quantités d'isotopes lourds d'hydrogène et d'oxygène contenues dans des précipitations atmosphériques, de la glace, de l'eau de puits et de source, de lac, de rivière, de mer, de l'eau connée et de l'eau juvénile. En résumé, les données actuelles indiquent que :

1. La vapeur d'eau atmosphérique est plus légère que l'eau douce ou l'eau de mer ;

2. Les écarts de densité augmentent de plus en plus entre l'eau des puits et des sources ordinaires, l'eau des sources minérales, puis l'eau des sources thermales ;

3. Les eaux des sources thermales ont une densité qui révèle un mélange d'eaux juvéniles et d'eaux vadoses ;

4. Plus la différence de densité est élevée, plus la probabilité que l'eau soit d'origine profonde est grande.

253. *Isotope Geology*, Kalervo Rankama, Pergamon Press, 1956, pp. 243-52.

L'échange d'isotopes peut toutefois compliquer davantage la détermination de la source de l'eau. Par exemple, Hall et Alexander[254]
montrent que si la plupart des oxysels dépourvus d'eau sont dissous
dans une quantité connue d'eau de densité élevée connue en raison
de l'excès d'^{18}O, et que le sel et l'eau sont complètement séparés par
la suite, une diminution de la densité de l'eau se produit. Dans ces
conditions, on peut obtenir une densité plus faible et masquer ainsi
l'origine profonde de l'eau. Dans ces circonstances, il est tout à fait
possible que les près de deux milliards de mètres cubes d'eau qui,
d'après les calculs, ont échappé à la cristallisation de la kernite ou du
borax, aient une différence de densité inférieure à celle de l'eau liée à
la kernite ou au borax. Alors, la détermination des isotopes pourrait
ne pas permettre de déterminer la véritable origine de l'eau pure et
potable.

La géologie structurale

Nous avons évoqué précédemment divers aspects de la géologie
structurale, tels que le rôle des failles, les observations de Nordenskiold
sur les structures pliées à Kings Bay et au Cape Staratschin, et l'effet des marées terrestres. Les mouvements terrestres déterminent la
structure de la Terre, et les termes « tectonique » et « géologie tectonique » sont synonymes de géologie structurale, car elle s'efforce
de déterminer la structure, le moment où elle s'est développée et les
conditions physiques dans lesquelles elle s'est formée.

La déformation est la transformation causée par une contrainte,
qui peut être de compression, de traction ou de cisaillement. Si la
contrainte est inférieure à la limite d'élasticité, la déformation est élastique dans la mesure où le corps reprend sa forme et sa taille initiales
lorsque la contrainte est supprimée. La déformation est plastique
lorsque la contrainte dépasse la limite d'élasticité et que le corps ne
reprend que partiellement sa forme initiale lorsque la contrainte est
supprimée. Si la contrainte continue d'augmenter, la structure finit par
se rompre et développer une ou plusieurs fractures. La résistance à la
rupture des roches a été déterminée et compilée pour les contraintes
de compression, de traction et de cisaillement. Toutefois, les géo-

---

254. *Oxygen Exchange Between Anions and Water*, Norris F. Hall et Orval R. Alexander, *Jour. Amer. Chem. Soc.*, 62, pp. 3455-62.

logues s'intéressent davantage à la contrainte qu'une roche peut supporter sans se rompre, quel que soit le temps écoulé, et dans des conditions de température et de pression spécifiques, avec ou sans présence de solutions. Après une longue période continue de contrainte, les roches deviennent beaucoup plus faibles et si le stress est appliqué lentement, il faut moins de stress pour provoquer une rupture. L'augmentation de la température affaiblit les roches et la présence de solutions réactives entraîne également une diminution de leur résistance, mais la limite élastique augmente au fur et à mesure que la pression de confinement augmente.

La relation entre les grandeurs élastiques et les grandeurs électriques n'est apparemment pas décrite dans les ouvrages de géologie structurale. Cependant, Voigt montra comment les grandeurs élastiques (contrainte et déformation) et les grandeurs électriques (champ et polarisation) sont liées par les coefficients piézoélectriques ou leurs valeurs inverses, les modules piézoélectriques.[255] Nous reviendrons plus en détail sur la piézoélectricité dans peu de temps.

Les roches solides sont capables de changer de forme sans signes visibles de fracturation, car les grains individuels de minéraux tels que la calcite, le quartz, le feldspath, le mica et la hornblende peuvent bouger lorsqu'ils sont soumis à une contrainte. Ces mouvements intergranulaires se produisent à l'intérieur même des cristaux, entre les atomes, le long de plans de glissement. La direction du glissement, la position et le nombre de plans de glissement dépendent du minéral en question.

Dans les roches de la croûte terrestre, la rupture s'exprime par des clivages, des joints et des failles. De nombreuses ruptures aujourd'hui occupées par des dykes ou des veines relèvent de la compétence du pétrologue ou du géologue économiste, tandis que l'origine de la rupture elle-même relève de la compétence du géologue structural. Bien que la géologie pétrolière s'intéresse principalement aux structures des roches sédimentaires, la production de pétrole est obtenue à partir de fractures dans les roches ignées et métamorphiques en Californie et au Kansas.[256] Les géologues pétroliers ont constaté que

---

255. *Theory of Electric Polarisation*, C. J. F. Bottcher, Elsevier Publishing Co., 1952, p. 421.
256. *Structural Geology for Petroleum Geologists*, William L. Russell, McGraw-Hill Book Co., 1955, p. 160.

le dépôt important de minéraux le long des failles indique générale-ment de mauvais résultats en matière de production pétrolière. Ils ont également constaté que les dépôts étendus de minerais le long des failles sont généralement peu propices à la production de pétrole, mais que ces mêmes occurrences peuvent être favorables à la pro-duction d'eau primaire.[257]

Les caractéristiques et leur interprétation sont amplement décrites dans les nombreux ouvrages consacrés à la géologie structu-rale.[258,259,260,261,262] Les observations sur le terrain ne fournissent pas toujours des preuves concluantes sur la structure, de sorte que l'on a souvent recours à l'étude microscopique approfondie de roches en lame mince. Il existe plusieurs excellents ouvrages sur la pétrographie microscopique.[263,264,265] Bien qu'une telle étude microscopique puisse fournir des informations précieuses sur la composition des roches, il se peut qu'il n'y ait pas de réelle indication sur leur histoire et leur structure. Dans ce cas, la pétrologie structurale pourrait bien être la solution au problème.[266]

La piézoélectricité, etc.

Le pouvoir d'attraction d'un cristal de tourmaline a été clairement iden-tifié à Ceylan et en Inde depuis longtemps. Lorsque les tourmalines furent introduites en Europe, leur caractère électrique, c'est-à-dire les polarités opposées aux deux extrémités d'un cristal de tourmaline chauffé, fut noté par Aepinus en 1756. Brewster, ayant observé ce même effet avec différentes sortes de cristaux, introduisit le nom de

257. *Idem*, p.119.
258. *Principles of Structural Geology*, Charles Merrick Nevin, John Wiley & Sons, 1949.
259. *Structural Geology*, L. U. De Sitter, McGraw-Hill Book Co., 1956.
260. *Structural Geology*, Marland p. Billings, Prentice-Hall, 1954.
261. *Lineation, A Critical Review and Annotated Bibliography*, Ernest Cloos, Geol. Soc. of Amer. Memoir 18, 5 mai 1946.
262. *Structural Behavior of Igneous Rocks*, Robert Balk, Geol. Soc. of Amer. Memoir 5 juillet 1937.
263. *Petrography*, Howel Williams, Francis J. Turner et Charles M. Gilbert, W. H. Freeman & Co., 1954.
264. *Microscopic Petrography*, E. Wm. Heinrich, McGraw-Hill Book Co., 1956.
265. *Elements of Optical Mineralogy*, Alexander N. Winchell, 3 partis, John Wi-ley & Sons, 1951.
266. *Structural Petrology*, Eleanora Bliss Knopf et Earl Ingerson, Geol. Soc. of Amer. Memoir 6 novembre 1938.

« pyroélectricité » en 1824. Les frères Curie, Pierre et Jacques, reçurent le prix Planté en 1895 pour leur découverte, faite en 1880, d'une nouvelle méthode de développement de l'électricité polaire en soumettant des cristaux hémièdres à des variations de pression.[267]

La piézoélectricité se produit lorsque certaines déformations élastiques d'un cristal sans centrosymétrie sont accompagnées de déplacements vectoriels inégaux en raison de ce manque de symétrie. Lorsque des cristaux non centrosymétriques sont comprimés dans des directions particulières, ils présentent des charges positives et négatives sur certaines parties de leur surface, les charges étant non seulement proportionnelles à la pression appliquée, mais même inversées lorsque les cristaux sont soumis à une tension.

Les applications de la piézoélectricité comprennent l'utilisation de cristaux piézoélectriques dans les circuits de filtrage, dans les signaux et les sonars sous-marins, dans les faisceaux ultrasonores de haute intensité pour de nombreuses utilisations scientifiques et industrielles.[268] En fait, l'homme n'a pas été en mesure de reproduire les fréquences précises et régulières d'un cristal piézoélectrique.

Plus précisément, la pyroélectricité correspond à l'électricité ou à la polarisation électrique produite sur certains cristaux par un changement de température, tandis que la piézoélectricité désigne l'électricité ou la polarisation électrique produite par une contrainte mécanique dans des cristaux de certaines catégories. La théorie phénoménologique de la piézoélectricité, basée sur les principes thermodynamiques de Lord Kelvin, fut donnée par Woldemar Voight.[269] Malgré le fait que des théories atomiques de la piézoélectricité fussent proposées depuis la découverte des frères Curie, un traitement théorique satisfaisant du phénomène en est encore à un stade très précoce, et il est à peine possible de donner une estimation approximative de l'ordre de grandeur de l'effet piézoélectrique pour les structures les plus simples.[270,271]

267. *Piezoelectricity*, Walter Guyton Cady, McGraw-Hill Book Co., 1946, pp. 1-3.
268. *Idem*, pp. 667-98.
269. *Lehrbuch der Kristallphysik*, Woldemar Voigt, 2ᵉ éd., 1928.
270. *Piezoelectricity*, Walter Guyton Cady, McGraw-Hill Book Co., 1946, p. 731.
271. *Theory of Electric Polarisation*, C. J. F. Bottcher, Elsevier Publishing Co., 1952, p. 421.

L'électricité de Seignette, également appelée « ferroélectricité », décrit le phénomène selon lequel, à proximité d'une certaine température caractéristique, la constante diélectrique statique du cristal augmente fortement avec la diminution de la température. À cette température caractéristique, appelée température ou point de Curie en référence au ferromagnétisme, la polarisation se produit même lorsque le champ électrique appliqué est infiniment petit. Cela signifie qu'à la température de Curie, la polarisation spontanée commence et augmente rapidement lorsque la température descend en dessous de ce point de Curie.[272]

Le cristal spontanément polarisé a une structure de symétrie plus faible que la structure du cristal non polarisé. Il est évident que la polarisation spontanée s'accompagne d'une déformation de la cellule unitaire, de sorte qu'un cristal électrique de Seignette est toujours piézoélectrique dans la zone de température de Curie puisque, dans cette zone, le cristal n'est pas centrosymétrique. La polarisation électrique spontanée et le ferromagnétisme, malgré leur ressemblance en ce qui concerne la zone de température de polarisation spontanée, ont des origines fondamentalement différentes.

Des points de Curie ferromagnétiques existent également pour des métaux autres que le fer. Le magnétisme spontané microscopique existe parce qu'un corps ferromagnétique contient un excès de chaleur spécifique par rapport aux métaux normaux.[273] Il est évident qu'un ferro-aimant possède un excès d'énergie interne qui ne dépend pas du magnétisme apparent, mais uniquement de la température. L'apparition d'un ferromagnétisme et d'une polarisation spontanés, conjuguée à la chaleur dégagée par les magmas intrusifs ou les roches radioactives, pourrait en fait amorcer un phénomène de génération d'électricité à l'intérieur de la Terre. Graham souleva la question de l'utilité du magnétisme des roches pour décrire les déformations subies par les roches et pour interpréter les structures complexes de la croûte terrestre.[274]

---

272. *Idem*, p. 423.
273. *The Theory of Metals*, A. H. Wilson, Cambridge (Eng.) University Press, 1954, p. 178.
274. J. W. Graham, *Jour. of Geophysical Research*, 54, 1949, p. 131.

Outre la polarisation et la magnétisation spontanées, la piézoélectricité est provoquée par des contraintes de traction ou de compression, et la pyroélectricité est due à des changements de température.

Les zones où la chaleur et la déformation se produisent simultanément sont celles où les roches existantes sont mises en contact avec des magmas intrusifs. Kemp montra que la plupart des intrusions de magma granitique déforment leurs parois, alors que très peu d'intrusions basaltiques ou gabbroïques entraînent une déformation complète de leurs parois.[275]

Le courant électrique qui traverse les solutions les décompose et entraîne la libération de gaz ou de métaux. C'est ce qu'on appelle l'« électrolyse ». Par exemple, l'hydrogène est libéré à partir de solutions de sels de métaux alcalins et alcalino-terreux, ainsi qu'à partir de solutions d'acides. L'oxygène est libéré de solutions de nitrates, de sulfates, de phosphates, etc. Les métaux sont libérés de solutions de sels de zinc, de fer, de nickel, de cadmium, de plomb, de cuivre, d'argent et de mercure.[276]

Les métaux alcalins, appelés ainsi parce que leurs hydroxydes sont tous des bases solubles ou des alcalis, sont le lithium, le sodium, le potassium, le rubidium et le césium, que l'on trouve en quantités variables dans presque tous les silicates. Les métaux alcalino-terreux sont normalement divisés en un groupe principal et un sous-groupe. Le groupe principal comprend le béryllium, le magnésium, le calcium, le strontium, le baryum et le radium, tandis que le sous-groupe comprend le zinc, le cadmium et le mercure.

Si l'hydrogène et l'oxygène sont réunis à certaines températures spécifiques, ou si un catalyseur est présent, ils s'unissent pour former de l'eau. Des travaux expérimentaux avec des décharges électriques ont montré qu'un excès d'hydrogène ne donnait que de l'eau, tandis qu'un excès d'oxygène donnait de l'eau et de l'ozone, et que le peroxyde d'hydrogène est souvent un sous-produit de l'union de

275. *A Handbook of Rocks*, James Furman Kemp, sixième édition entièrement revue et éditée par Frank F. Grout, D. Van Nostrand Co., 1940, p. 243.
276. *An Introduction to Electrochemistry*, Samuel Glasstone, D. Van Nostrand Co., 1942, p. 7.

l'hydrogène et de l'oxygène.[277] Dans le cas de l'association de l'hydrogène et de l'oxygène favorisée par un catalyseur, il ne fait aucun doute que l'influence du métal est dirigée vers l'hydrogène et non vers l'oxygène. La molécule d'hydrogène subit un changement et, dans ce dernier état, elle est capable de s'ajouter à l'oxygène non saturé. Le peroxyde d'hydrogène est le produit initial qui est ensuite réduit/transformé en eau.[278]

---

277. *The Electrochemistry of Gases and Other Dielectrics*, G. Glocker et S. C. Lind, John Wiley & Sons, 1939, p. 215.
278. *On the Mechanism of Oxidation*, Heinrich Wieland, Yale University Press, 1932, pp. 17-18.

Chapitre 7 – Un défi pour l'Homme

Ce que l'homme ne change pas pour le meilleur,
le temps le change pour le pire.
Francis Bacon

Pour répondre aux besoins de l'homme en matière de ressources en eau, toutes les méthodes d'approvisionnement doivent être utilisées en complément les unes des autres. Cependant, un test de rentabilité doit être appliqué à chacune d'elles et le choix doit se porter sur la méthode la plus avantageuse dans chaque cas particulier, tout en tenant compte, bien entendu, d'autres facteurs qui peuvent peser lourd lorsque le bien-être de l'homme est en jeu.

Même selon les prévisions les plus optimistes, le coût de dessalement de l'eau, dans une dizaine d'années, pourrait être ramené à environ 0,50 dollar pour 3,80 m³. Néanmoins, cela représenterait encore un coût largement supérieur aux coûts actuels dans de nombreux domaines. Là où l'eau salée pose problème et où le coût de l'eau est élevé, de telles opérations de dessalement sont déjà à l'œuvre. Cependant, les coûts des canalisations, des pompes et de l'électricité nécessaires au transport de l'eau désalinisée dans les terres éloignées de la source font qu'il n'est plus économiquement viable d'y recourir dans ces régions.

La commission présidentielle sur la politique des matériaux, peu après la Seconde Guerre mondiale, prévoit un besoin quotidien d'un peu moins de 1,3 milliard de mètres cubes en 1975, tandis que l'enquête du *New York Times* de mars 1957 annonce une utilisation totale de 1,7 milliard de mètres cubes en 1975. Les problèmes d'eau prévus pour l'année 1970 furent compilés par le Population Reference Bureau, Washington, D.C., pour le Forum national sur la santé, qui se tint à Philadelphie en mars 1958. Les zones de pénurie prévues ne se limitent pas aux régions arides de l'Ouest, en s'étendant à de nombreuses autres de notre pays. Pour répondre à ces futurs besoins, de nombreuses méthodes d'approvisionnement sont nécessaires. Il est grand temps de trouver des solutions si l'on veut que des mesures cohérentes continuent d'être prises alors que les problèmes deviennent de plus en plus aigus. L'eau primaire n'est pas la seule source d'approvisionnement pour l'homme, mais, dans de nombreux cas, elle est la plus rentable. En outre, il existe plusieurs cas spécifiques où l'eau primaire représente la seule solution connue à l'heure actuelle, mais, malheureusement, elle n'est connue que de peu de personnes.

Dans un article publié dans *The American Economic Review*, Julius Margolis passe en revue trois ouvrages récents. Selon lui, ils ne se contentent pas de proposer des procédures pour évaluer l'efficacité des projets de développement des ressources en eau, mais leur objectif est d'analyser les projets « de manière à ce que l'ensemble des projets choisis maximise le bien-être national ».[279] La déclaration la plus percutante de Margolis est la suivante :

> Le plus inquiétant dans ces analyses est le manque d'attention accordée aux méthodes alternatives qui permettraient d'atteindre le même objectif. Ceci est, à son tour, symptomatique d'un problème plus global qui est passé sous silence. Les ouvrages se limitent aux projets et aux procédures d'évaluation de projets qui ont déjà été présentés. Choisir le meilleur parmi un ensemble connu et restreint d'alternatives est loin d'être optimal. Quelles sont les procédures qui permettent de connaître les autres alternatives ? Existe-t-il une meilleure façon de rechercher des alternatives ? Dans une économie de concurrence parfaite, nous supposons que la compétition et la volonté de maximiser génèrent toutes les meilleures alternatives. Bien que cette hypothèse discutable n'ait jamais été testée, nous ne disposons même pas d'une description satisfaisante de la procédure de recherche dans le secteur public qui nous permettrait de juger de son efficacité. Le processus par lequel les alternatives sont découvertes et examinées peut constituer une contrainte majeure sur la possibilité de réaliser au mieux un ensemble d'objectifs.[280]

Il paraît peu probable que les travaux de Stephan Riess serait restés aussi longtemps dans les limbes si l'approvisionnement en eau

---

279. *The Economic Evaluation of Federal Water Resource Development*, Julius Margolis, *The American Economic Review*, mars 1959, p. 96.
280. *Idem*, p. 100.

avait été davantage géré par le secteur privé que par les organisations gouvernementales. Depuis de nombreuses années, des particuliers et des entreprises ont recours à son expertise pour repérer de l'eau.

La science et l'opérationnisme

Il est arrivé à de nombreuses reprises que des phénomènes naturels n'aient pas été expliqués pendant des années. Par exemple, Champion cite des chiffres sur le taux de transpiration des arbres, et dit ensuite que dans quelques cas, le taux de transpiration dépassait le total des précipitations enregistrées.[281] D'où vient cet excès d'eau ? Un autre exemple est celui du lac Tchad. Situé en Afrique centrale, il s'étend sur 282 km de long et est considéré comme le dernier fragment d'une mer intérieure tentaculaire dont la taille est estimée à environ celle de la mer Caspienne. En 1953, il commence à monter rapidement et, pour la première fois depuis 1873, les eaux se déversent dans le Bahr el-Ghazal. Il existe peut-être une explication hydrologique conventionnelle, qui n'a pas encore été trouvée, pour expliquer le fait que le lac Tchad est plus haut qu'il ne l'a été depuis quatre-vingts ans, sans que sa montée ne soit accompagnée d'une augmentation des précipitations.

Smithson, qui donna son nom à la Smithsonian Institution, déclara : « Chaque homme est un membre précieux de la société qui, par ses observations, ses recherches et ses expériences, apporte des connaissances aux hommes. » Bon nombre des grandes contributions de la science sont le résultat d'observations fortuites. Le hasard fournit l'occasion, mais le scientifique doit la reconnaître et la saisir, car c'est l'interprétation de l'observation fortuite qui compte. La célèbre phrase de Pasteur est certainement appropriée : « Dans les champs de l'observation, le hasard ne favorise que les esprits préparés. » Un esprit qui n'est pas ouvert ne peut pas être un esprit préparé, car toute observation sincère et intelligente doit faire un choix entre des idées données. Ou, pour reprendre les mots de Charles Darwin : « Il est bien étrange de ne pas voir que toute observation se doit d'être pour ou contre un certain point de vue, afin qu'elle soit d'une quelconque utilité. »

---

281. *Forestry*, H. G. Champion, Oxford University Press, 1954, p. 66.

Beaucoup de nos premiers illustres Américains ont formulé et publié des plans pour un système d'éducation nationale. Selon Adler, ces plans proposaient de mettre l'accent sur les sciences afin de préparer la population à assumer la responsabilité du développement des ressources du pays.[282] Aujourd'hui, on rappelle de nouveau à nos écoles qu'elles doivent mettre l'accent sur les savoirs scientifiques. Cependant, notre conception de la science s'oriente plutôt vers l'application technique que vers la science théorique. Ruesch et Bateson affirment :

> Les scientifiques américains comptent probablement parmi leurs membres le plus grand nombre d'ingénieurs créatifs. En revanche, ils manquent de théoriciens scientifiques, et les penseurs scientifiques qui sont citoyens américains sont, dans l'ensemble, d'origine étrangère. La pression de se conformer ne produit pas de personnalités originales ; c'est pourquoi ce domaine a été laissé presque exclusivement aux Européens.[283]

Cette pression à se conformer n'est pas nouvelle chez l'homme, elle existe depuis les débuts de la société. Socrate, par exemple, pensait que, quels que soient les préjugés des autres et les éventuelles répercussions, la ligne de conduite d'un individu devait être guidée par la connaissance, la vérité et la souveraineté de l'intellect. Tout le monde connaît le destin de Socrate. C'est Ralph Waldo Emerson qui le dit : « Celui qui voudrait être un homme doit être non conformiste. »

La psychologie des Américains, fondée sur les multiples prémisses de la morale des pionniers puritains, serait gouvernée par les principes d'égalité, de socialité, de réussite et de changement.[284] Ces quatre principes peuvent expliquer pourquoi nous privilégions l'application technique à la science théorique. L'égalité et la socialité exigent la conformité, et la représentation du scientifique solitaire ne répond pas à ces exigences. L'application technique apporte le changement et la possibilité d'un succès rapide, alors que des années de travail minutieux dans les sciences théoriques pourraient ne pas être reconnues de son vivant.

---

282. *What We Want of Our Schools*, Irving Adler, The John Day Company, 1958.
283. *Communication, The Social Matrix of Psychiatry*, Jurgen Ruesch et Gregory Bateson, W. W. Norton & Co., 1951, p. 105.
284. *Idem*, p. 95.

Dans le domaine de l'hydrologie, ainsi que dans de nombreux autres domaines, l'opérationnisme – la doctrine selon laquelle les concepts scientifiques tirent leur définition de l'ensemble des opérations concernées – implique l'abandon de la théorisation logique qui, associée à l'intuition et à l'imagination, puis testée expérimentalement, est à l'origine de la plupart des concepts, théories et hypothèses dans le domaine des sciences. Beveridge reconnaît le rôle de l'intuition et de l'imagination et affirme : « Les dispositifs élaborés jouent un rôle important dans la science d'aujourd'hui, mais je me demande parfois si nous ne sommes pas en train d'oublier que l'instrument le plus important dans la recherche doit toujours être l'esprit de l'homme. »[285]

Même dans les « lois » physiques, dit Sorokin, toutes les quantités ne sont pas mesurables de manière opérationnelle.[286] Il donne l'exemple de la loi du mouvement pour un corps en chute libre, dans laquelle la valeur de G dans l'équation $S = 1/2 \, GT^2$ tire sa valeur non pas d'une mesure expérimentale, mais uniquement de sa présence dans l'équation. Pour calculer G, il faut utiliser l'équation : voilà une autre illustration de l'importance de la théorie dans toute démarche expérimentale. Sorokin résume bien la situation en disant :

> Abandonner l'intuition et la pensée logique au profit de la méthode appliquée reviendrait à castrer la pensée créative de manière générale, et dans la science tout particulièrement. Sans l'intuition et la logique, aucun progrès réel dans les domaines de la science, de la religion, de la philosophie, de l'éthique et des beaux-arts n'a été ou ne sera possible.[287]

Julian Huxley raconte comment il se rendit compte pour la première fois de l'immense quantité de savoir scientifique dont il n'était, au mieux, que vaguement conscient. Il fut encore plus impressionné par le fait que les hommes d'affaires, les financiers, les établissements scolaires, les politiciens et les administrateurs n'appréciaient pas et ne comprenaient pas la science, alors que le modèle de notre civilisation actuelle et nos espoirs de progrès reposent sur la science. « Ce qui est pratiquement aussi préoccupant, souligne Huxley, c'est

285. *The Art of Scientific Investigation*, W. I. B. Beveridge, W. W. Norton & Co., 1950.
286. *Fads and Foibles in Modern Sociology and Related Sciences*, Pitirim A. Sorokin, Henry Regnery Company, 1956, p. 35.
287. *Idem*, p. 36.

l'absence de vision scientifique globale sur la vie, que l'on constate trop souvent aussi bien chez le spécialiste scientifique que chez le novice. »[288]

Un autre élément mérite d'être examiné : il existe à la fois un certain dogmatisme qui exclut les nouvelles idées et une grande réticence à reconnaître les contributions du passé. Conant se réfère à la synthèse de Sir Archibald Geikie sur l'histoire de la géologie, qui dit « [qu'] un enseignement important à tirer après avoir passé en revue les étapes successives de la naissance et du développement de la géologie est la nécessité absolue d'éviter le dogmatisme ».[289] Des presses gigantesques, à l'Université de Harvard, capables de générer des pressions allant jusqu'à environ 2,83 millions de kilogrammes, ont montré que l'eau, habituellement considérée comme incompressible, peut réduire son volume de moitié sous une pression d'1 million de livres par pouce carré.[290] D'autres phénomènes particuliers se sont produits dans des substances solides soumises à des pressions élevées. La glace ne fond pas tant que sa température n'atteint pas environ 188 °C si elle est soumise à une pression d'environ 272 000 kg.

Brittain affirme que la plupart des techniques de construction d'ouvrages hydrauliques furent découvertes par l'homme avant qu'il ne dispose de machines pour l'aider dans son travail.[291] Il cite de nombreux exemples, dont le Grand Anicut, un barrage de 329 m de long construit sur la rivière Coleroon dans l'Inde ancienne. Brittain cite Hart qui dit qu'en 1830, le Grand Anicut prouve ce qu'aucun ingénieur ni traité de l'époque ne prétendait défendre. Il affirme qu'un ingénieur britannique, le capitaine Arthur Cotton, risqua sa réputation et sa carrière en démontrant de manière révolutionnaire que la force totale de la rivière à son embouchure pouvait être contenue par des barrages construits entièrement sur du sable plutôt que sur de la roche. Le Capitaine Cotton prouva ensuite, en construisant plusieurs barrages de ce type, que la science de l'ingénierie pouvait reproduire cet ancien exploit. Selon Hart, ces immenses barrières qui se dressent solide-

---

288. *Science and Social Needs*, Julian Huxley, Harper & Bros., 1935, p. ix.
289. *Science and Common Sense*, James B. Conant, Yale University Press, 1951, p. 285.
290. NdÉ : environ 179 000 kg/cm²·
291. *Man and Myths*, Robert Brittain, Rivers, Doubleday and Co., Garden City, 1958, pp. 265-6.

ment sur du sable ne sont pas seulement des monuments d'ingénierie ancienne, mais également un témoignage de notre aptitude moderne à apprendre.

Les déserts

Près d'un cinquième de la surface de la terre est constitué de déserts, qui abritent moins de 4 % de la population mondiale. Pourtant, environ 44 % des terres actuellement considérées hospitalières pour l'homme, soit environ 3 milliards d'hectares sur 6,9 milliards, ne sont pas utilisables pour la production alimentaire en raison de taux de précipitations insuffisants. Les déserts ont généralement moins de pluie, plus de vent, plus de soleil et des températures plus élevées que les autres régions du globe. La principale caractéristique des déserts est la faiblesse des précipitations annuelles. La plupart des géographes s'accordent à dire que si une région connaît des précipitations inégalement réparties au cours de l'année et reçoit moins de 25 cm de pluie, elle peut être qualifiée de désert. Cependant, le désert exerce une influence sur les zones qui l'entourent, de sorte que ces couronnes entourant les déserts, avec des précipitations annuelles comprises entre 25 et 51 cm, sont appelées régions semi-arides.

En raison de leur moyenne de température élevée, l'évaporation du peu de pluie qui tombe dans les zones arides est plus rapide. Les vents dominants soufflent généralement dans le désert à partir des zones périphériques. L'air plus frais vient remplacer l'air chaud du désert qui est monté.

Sur l'ensemble du territoire des États-Unis, 39 % reçoit moins de 51 cm de précipitations par an, ce qui représente environ 300 millions d'hectares, dont 62 millions en reçoivent moins de 25 cm. Le cœur de l'Ouest est constitué des États désertiques du Montana, de l'Idaho, du Wyoming, du Nevada, de l'Utah, du Colorado, de l'Arizona et du Nouveau-Mexique. Les États du Texas, du Kansas, du Nebraska, du Dakota du Sud, du Dakota du Nord, de Washington, de l'Oregon et de la Californie sont parfois appelés les États périphériques du désert, car ils sont partiellement soumis à l'influence du désert. En fait, la plupart de nos terres cultivées se trouvent à l'est du centième méridien.

Les principales origines de nos déserts sont les chaînes de montagnes qui agissent comme des barrières forçant les nuages chargés d'humidité à s'élever et provoquant ainsi des précipitations sur les montagnes qui, autrement, tomberaient sur les déserts. Il existe d'autres raisons à l'existence de déserts : parfois, un courant océanique froid agit de la même manière que les montagnes en privant les nuages de pluie de leur humidité ; parfois, les déserts sont créés par l'homme et ses animaux. En période de sécheresse, les zones arides s'étendent considérablement, et cette expansion peut devenir plus ou moins permanente.

Selon Bernard Frank, les modifications, humaines ou naturelles, du couvert végétal, ont des répercussions sur la relation entre le sol et l'eau.[292] Les effets, dit-il, ne sont pas toujours évidents, mais ils existent tout de même et il vaudrait mieux ne pas se risquer à les ignorer. Selon Frank, « notre lutte pour l'existence consiste en partie à tenter de nous adapter en permanence à un environnement hostile, que nous avons bien souvent créé nous-mêmes ».[293]

Stebbing explique très clairement : « Le désert créé par l'homme est une dure réalité qui, jusqu'à présent, a rarement été affrontée. L'homme est l'ennemi de la forêt et de la végétation depuis qu'il a appris à cultiver pour se nourrir et à faire paître des troupeaux dans la campagne. »[294]

La plus ancienne forme de culture connue de l'homme est la culture itinérante. Cependant, depuis son origine, ce type de culture a été connu sous de nombreux noms différents, dans de nombreux pays différents, même au cours de la même période historique dans le même pays. La méthode est fondamentalement la même. La description de Stebbing est intéressante à lire :

> Une petite parcelle de forêt au milieu de la masse environnante était abattue ; le matériau, dès que suffisamment sec, était brûlé, les cendres grossièrement répandues sur le sol ainsi dégagé et les graines d'une culture étaient ensemencées. Au bout d'environ trois à cinq ans, une végétation dense de mauvaises herbes apparaissait, ou le sol perdait de sa fertilité, ou les deux à la fois. Le cultivateur itinérant se déplaçait alors

292. *Our National Forests*, Bernard Frank, Univ. of Oklahoma Press, 1955, p. 24.
293. *Idem.*
294. *Forests, Aridity and Deserts*, E. p. Stebbing, Biology of Deserts, édité par J. L. Cloudsley-Thompson, The Institute of Biology, London, 1954, p. 123.

et répétait l'opération dans une autre partie de la forêt. La dégradation de la forêt, qui est passée d'une forêt dense et fine à des broussailles, appelées également buissons ou savane, a pris des milliers d'années et a été si imperceptible qu'elle est passée inaperçue. En fait, elle s'est perdue dans l'histoire des peuples antérieurs qui vivaient dans ce qui sont à présent des déserts.[295]

Le *Sierra Club Bulletin* illustre, à partir de méthodes couramment employées au Liban, les six étapes de la formation de désert de la manière suivante[296] :

1. Une forêt de départ ;

2. Un champ est défriché dans la forêt et mis en culture. Progressivement, en raison de la pression démographique ou de l'épuisement du sol, la forêt est complètement détruite ;

3. Les terrains plats malmenés sont pâturés à l'excès ;

4. Le bétail, tout comme les cultures, est amené sur les terrains en pente, et il dévore les jeunes plants, ce qui met fin à la régénération de la forêt ;

5. Les chèvres éliminent toute trace de végétation forestière et les nomades se déplacent constamment avec leurs troupeaux à la recherche de nourriture plus abondante et, pour finir,

6. Les terrasses à l'abandon, les systèmes d'irrigation et les villes se fondent dans les paysages tranquilles du désert.

Stebbing affirme que nous connaissons les villes des anciens peuples.[297] C'est la dégradation des forêts et l'assèchement des réserves d'eau qui ont abouti, dans bien des cas, à la disparition définitive de ces peuples. Champion évoque l'expansion des déserts en Afrique, en Inde occidentale et ailleurs, ainsi que l'explication souvent donnée d'une baisse possible des précipitations due à la dénudation de la végétation naturelle.[298] Il dit qu'il est difficile d'obtenir des preuves solides, mais que le pâturage et les cultures temporaires sont

---

295. *Idem.*
296. *How to Make A Desert*, Wildlands in Our Civilization, *Sierra Club Bull.* 42, juin 1957, pp. 28-9.
297. *Forests, Aridity and Deserts*, E. P. Stebbing, Biology of Deserts, édité par J. L. Cloudsley-Thompson, The Institute of Biology, London, 1954, p. 123.
298. *Forestry*, H. G. Champion, Oxford University Press, 1954, p. 178.

des facteurs contributifs très importants, voire la cause unique ou même majeure.

Les travaux de Libby sur le tritium naturel sont susceptibles de nous éclairer sur la manière dont la dénudation risque d'entraîner une diminution des précipitations. Libby explique que le tritium est produit par le rayonnement cosmique à une altitude de 10 ou 11 km. La constante de désintégration du tritium est de 12,5 ans pour la demi-vie et de 18,0 ans pour la durée de vie moyenne, de sorte que, selon Libby, « il est clair que la teneur en tritium de l'eau de pluie diminuera avec le temps après la précipitation, puisque les rayons cosmiques ne peuvent introduire de nouveaux atomes de tritium que dans l'atmosphère, où ils réagissent avec l'oxygène atmosphérique pour former de l'eau radioactive ».[299] Les mesures de Libby sur la teneur en tritium des précipitations de Chicago ont indiqué que cette pluie était probablement tombée et remontée cinq ou six fois au cours de son voyage vers l'est depuis l'océan Pacifique. Si la pluie tombe sur des zones dénudées, elle est sujette à un ruissellement rapide avec peu ou pas de transpiration et moins d'évaporation. Cependant, la végétation, et en particulier les forêts, peuvent absorber d'énormes quantités d'eau qui sont à nouveau mises à la disposition de l'atmosphère grâce à l'évapotranspiration. Thornwaite parle de ses expériences à Seabrook Farms, dans le New Jersey, où de très grandes quantités d'eau sont utilisées pour traiter des tonnes de légumes.

L'eau utilisée pour laver et traiter ces légumes est polluée par des matières organiques et les autorités sanitaires n'ont pas apprécié qu'elle soit rejetée dans un cours d'eau. C'est ce qu'explique Thornwaite :

> Je pensais que certaines terres en friche pourraient être irriguées par ce système. Les terres cultivées absorbaient 5 cm d'eau puis étaient saturées. J'ai donc déplacé la buse d'irrigation vers une forêt de chênes en mauvais état qui n'avait jamais été défrichée ni cultivée. L'eau a coulé en continu à raison de 2,5 cm par heure pendant 72 heures, puis de 12,5 cm par heure pendant 72 heures, et enfin de 25 cm par heure pendant cinq heures, soit un total d'un peu plus de 12,20 m, et rien ne s'est écoulé. Plus tard, nous avons pris 49 ha de cette forêt

---

299. *The Potential Usefulness of Natural Tritium*, W. F. Libby, Proc. Académie nationale des sciences aux États-Unis, 1953, p. 245.

et l'avons irriguée avec environ 37 900 m³ d'eau par jour. Cela en fait la forêt la plus pluvieuse au monde.[300]

Lorsqu'une région est dépouillée de ses forêts et de sa végétation, les disponibilités en eau, en raison de l'excès de ruissellement, deviennent aléatoires ou intermittentes et, par conséquent, l'eau disponible pour l'évaporation dans l'atmosphère devient également sporadique, ce qui se traduit par des précipitations aléatoires ou intermittentes. Stebbing affirme qu'il s'agit là de l'une des plus grandes pierres d'achoppement en Afrique pour ce qui est de comprendre ce qui se passe dans la perturbation de l'équilibre de la nature, entraînant ainsi le caractère instable des précipitations.[301]

D'autres effets possibles de la dénudation des forêts sur les précipitations sont abordés dans une prochaine section sur le boisement.

Les Américains gaspillent et ont gaspillé les ressources abondantes dont ils disposent. Selon Higbee, il était déjà évident en 1775 que les Américains gaspillaient délibérément.[302] Il y avait bien sûr une minorité de bons cultivateurs dans chaque colonie, mais pas assez pour dissuader la majorité de saccager leurs terres. Malgré tous les efforts de conservation des sols déployés ces dernières années aux États-Unis, l'érosion continue de détruire l'équivalent d'environ 162 000 à 202 000 ha de bonne terre végétale par an. L'ensemble des terres agricoles des États-Unis, y compris les pâturages, représente moins d'un demi million d'hectares.[303] Au rythme d'érosion du sol indiqué, il ne faudrait que deux mille ans pour que les États-Unis soient complètement ruinés.

Beaucoup d'autres pays ont des rendements à l'hectare supérieurs aux nôtres. Nos efforts, dans le passé, étaient orientés vers l'obtention d'une plus grande production ou d'un meilleur rendement par travailleur plutôt que vers l'obtention du maximum par acre. Cette

300. Discussion par C. W. Thornwaite sur *Some Aspects of Dry-Zone Forestry*, de Sir Harold Glover, Desert Research, proc. du Symposium international, 7-14 mai 1953. Sponsorisé par le Conseil de la recherche d'Israël et l'UNESCO, Research Council of Israel, Jerusalem, 1953, pp. 264-5.
301. *Forests, Aridity and Deserts*, E. p. Stebbing, Biology of Deserts, édité par J. L. Cloudsley-Thompson, The Institute of Biology, London, 1954, p. 124.
302. *The American Oasis*, Edward Higbee, Alfred A. Knopf 1957, p. 15.
303. *The Economic Yearbook of the National Industrial Conference Board*, Thomas Y. Crowell Co., 1956, p. 38.

approche conduisit à une économie de production et donc à des prix plus bas. Par la suite, nous avons réussi à augmenter à la fois le rendement par hectare et le rendement par travailleur. Cependant, pour l'avenir, il semble indispensable d'augmenter encore le rendement par acre. Selon Higbee :

> L'épuisement des terres bon marché nous a obligés à réévaluer ce dont nous disposons. Aujourd'hui, les 1,2 ha de terre arable par habitant sont les plus faibles de notre histoire nationale. Il est vrai que nous avons des excédents de récoltes, mais le poids de ces excédents risque d'être de courte durée. Alors que nous arrivons à la fin des terres arables inexploitées, notre population augmente plus rapidement que jamais. Pourtant, l'épuisement des terres ne doit pas nous inquiéter tant que ce que nous possédons produit de plus en plus. Une meilleure gestion peut compenser la diminution de la superficie par homme. Il le faut si nous voulons continuer à bien manger.[304]

Higbee estime que dans moins de cinquante ans, l'étendue de nos champs cultivables s'élèvera à environ 0,6 ha par habitant, contre 1,2 ha par habitant à l'heure actuelle.[305] Une autre approche possible est d'obtenir des acres cultivables supplémentaires. Il ne s'agit pas de la vieille méthode de l'extension des surfaces cultivées dans les pays sous-développés. Nombreux sont ceux qui ont déjà réfléchi aux vastes étendues de sol non cultivé existant en Afrique, en Amérique du Sud et en Amérique centrale, ainsi que dans plusieurs des plus grandes îles tropicales. Selon Kellogg, 20 % des sols tropicaux non exploités des Amériques, de l'Afrique et des grandes îles, telles que la Nouvelle-Guinée, Madagascar et Bornéo, sont cultivables.[306] Ces zones ajouteraient environ 400 millions d'hectares supplémentaires aux 120 à 160 millions d'hectares supplémentaires disponibles dans les zones tempérées. Ce n'est pas la solution, cela ne fait que retarder le moment de vérité, car combien de temps ces surfaces supplémentaires dureront-elles dans des conditions de croissance démographique rapide ? Une autre approche possible sera bientôt examinée.

---

304. *The American Oasis*, Edward Higbee, Alfred A. Knopf New York, 1957, p. 39 – Reproduit avec l'autorisation d'Edward Higbee.
305. *Idem*, p. 246.
306. Charles E. Kellogg, *Jour. of Farm Economics*, 1949, p. 257.

William Greeley ajoute à notre réquisitoire : « Le bois de sciage existant, censé avoir dépassé 5 billions de pieds-planche[307] dans les forêts primitives des États-Unis continentaux, s'est maintenant réduit à 1,6 billion de pieds.[308]»[309] Il souligne que, bien que la perte totale, toutes sources confondues, ne dépasse le taux de croissance que de 2 %, la perte de bois de sciage s'élève à près de 16,5 milliards de mètres de planches contre une récolte de bois de sciage de 10,5 milliards de mètres de planches. Cette perte totale de bois de sciage comprend une perte d'environ 8 % due aux incendies de forêt, aux insectes et aux champignons. Greeley[310] accuse le pays de dépenser le bois à perte, car au cours d'une année moyenne, 5,8 milliards de mètres de bois de sciage sont prélevés sur les immobilisations de notre pays. À ce rythme, les États-Unis épuiseraient leurs réserves de bois de sciage en moins de quatre-vingt-cinq ans. Le bois de sciage est un bois suffisamment grand pour être utilisé comme bois d'œuvre ou bois de charpente.

La plupart des sols désertiques sont composés de minéraux inorganiques altérés, dépourvus de ce que l'on appelle en pédologie la capacité d'échange cationique, c'est-à-dire la capacité d'adsorber les éléments nutritifs lorsqu'ils sont abondants, puis de les restituer aux plantes au fur et à mesure de leurs besoins. En outre, certains sols désertiques sont suffisamment poreux pour que l'eau s'y infiltre et entraîne vers les profondeurs les éléments nutritifs qui se trouvaient près de la surface. Cependant, le problème le plus courant dans les déserts secs est que « l'infiltration descendante de l'eau dans le sous-sol est si rare que les sels ont tendance à remonter et à s'accumuler en excès à la surface, par évaporation ».[311] Il faut des années pour créer une bonne couche arable et, au cours de la longue période nécessaire à la formation du sol, des minéraux argileux secondaires et des

307. NdÉ : Le pied-planche est une unité de mesure de volume utilisée aux États-Unis et au Canada pour le bois brut de sciage. Source : Wikipédia.

308. NdÉ : Le texte en anglais utilise ici le terme pieds (*feet*), or, il semblerait plus logique qu'ici également l'auteur ait voulu parler de pieds-planche (*board feet*) afin que la comparaison des mesures soit plus claire.

309. Reproduit avec l'autorisation de William B. Greeley, *Forests and Men*, 1956, Doubleday & Company.

310. *Forests and Men*, William B. Greeley, Doubleday and Co., Garden City, N.Y., 1956, pp. 227-8.

311. *The Physical Aspects of Dry Deserts*, R. A. Bagnold, Biology of Deserts, Institute of Biology, London, 1954, p. 7.

complexes humiques aux propriétés particulières sont produits par modification chimique et biologique. Ces propriétés spéciales sont la capacité d'échange de cations et le conditionnement de la structure physique du sol qui permet une circulation plus libre de l'oxygène et une absorption plus complète de l'eau de pluie.[312]

Plusieurs problèmes vitaux se posent à notre pays : le besoin en terres arables, en bois de sciage et en eau. Heureusement, la percée qui permet aujourd'hui de localiser et de produire de l'eau primaire peut apporter la réponse à ces problèmes, non seulement pour les États-Unis, mais aussi pour le monde entier. Les pages suivantes présentent quelques solutions possibles.

Le reboisement

Le quatrième American Forest Congress, qui se tint en 1953, donna lieu à une remarque intéressante : « La plupart des diplômés en sylviculture manquent cruellement de connaissances sur la question du sol et de l'eau en foresterie. »[313] Ce constat d'insuffisance concerne les relations entre le sol, l'eau, l'exploitation forestière, l'érosion, les inondations, l'envasement, etc. Les principes scientifiques de base sont maintenant assez bien connus dans ces domaines et la reconnaissance des lacunes représente plus de la moitié du chemin de l'apprentissage. Frank déclare : « Nous avons encore beaucoup à apprendre sur la manière de préserver les ressources en sol et en eau des forêts et des massifs forestiers, et nous avons encore beaucoup à faire pour appliquer ce que nous savons déjà à ce sujet. »[314] Il existe suffisamment de littérature sur les relations déjà mentionnées et elles sont assez bien connues, de sorte que nous pouvons nous concentrer ici sur les relations entre le boisement et les déserts.

Dans les zones où les nutriments ont été emportés vers les couches profondes du sol, les arbres peuvent les puiser et les ramener à la surface. La plupart des plantes herbacées n'atteignent pas les couches profondes du sol, mais les arbres puisent dans les couches profondes du sol qui sont plus riches en nutriments minéraux et finissent par les

312. *The American Oasis*, Edward Higbee, Alfred A. Knopf New York, 1957, pp. 55-7.
313. Proc. of the Fourth American Forest Congress, 29-31 octobre 1953, American Forestry Association, 1953, pp. 169-71.
314. *Our National Forests*, Bernard Frank, University of Oklahoma Press, 1955, p. 187.

ramener à la surface.[315] Lorsque les feuilles, les brindilles ou les fleurs mortes tombent sur le sol, elles sont attaquées par des animaux, des bactéries et des champignons, et décomposées de manière à libérer progressivement les principaux éléments nutritifs qu'elles ont puisés en profondeur et à enrichir ainsi la couche arable. La végétation contribue également à stabiliser la surface du sol dans les zones arides. Elle protège le sol de la force de la pluie et du vent, et une plus grande partie de l'eau de pluie pénètre dans le sol couvert de végétation, car les racines aident à maintenir le sol ouvert et perméable à l'eau.

En ce qui concerne les sols désertiques présentant un excès de sels, deux solutions sont possibles. Kellogg nous en propose une :

> Certaines plantes du désert absorbent peu de sel ; les feuilles d'autres contiennent jusqu'à 10 % de chlorure de sodium en poids vert.[316] La longue croissance d'un tel arbuste a une grande influence sur la chimie du sol. Ainsi, à quelques pieds de distance seulement, le sol sous un arbuste peut être riche en sel de sodium et extrêmement alcalin, et celui sous un autre peut être relativement pauvre en sodium et seulement légèrement alcalin.[317]

On pensait autrefois que les plantes s'adaptaient aux différents types de sol par le seul jeu de la sélection et de la concurrence. Selon Kellogg, bien que cette sélection soit très importante, nous savons maintenant que les différentes espèces de plantes modifient fortement le sol sur lequel elles poussent.[318]

L'autre solution consiste à augmenter le volume des précipitations et à évacuer ainsi une partie des sels excédentaires. La plupart des sols des régions arides sont pauvres en azote, ce qu'une augmentation des précipitations permettrait d'accroître. Or, comment faire pousser des arbres et des forêts dans le désert, et comment augmenter les précipitations ?

315. *Forestry*, H. G. Champion, Oxford University Press, 1954, p. 69.
316. NdÉ : « *Green-weight basis* », c'est-à-dire le poids de la plante fraîchement coupée, qui contient encore toute l'eau et ses minéraux.
317. *Potentialities and Problems of Arid Soils*, Charles E. Kellogg, Desert Research, p. 25. (voir note 298)
318. *Idem.*

Les zones désertiques, situées à différentes altitudes, peuvent permettre la croissance d'une grande variété d'arbres et de végétation. Dans beaucoup de ces régions, la seule chose qui manque est une quantité d'eau suffisante. L'apport d'eau dans les zones désertiques permet de créer de nouvelles richesses sous forme de bois. Le bois est l'une des ressources naturelles que nous connaissons qui peut se reconstituer en permanence si elle est gérée correctement. Les peuplements forestiers ne créent pas seulement de la richesse mais, au fil des ans, ils conditionnent le sol de manière à retenir davantage d'eau et, dans le cadre d'un programme planifié de coupe et d'extension de la zone forestière, des terres supplémentaires deviendront disponibles pour augmenter nos réserves de terres arables par habitant, qui sont en train de diminuer.

On rappellera que l'orage orographique ou de montagne vient du fait que la montagne, agissant comme une barrière, force l'air chaud et humide poussé vers elle à s'élever et à se refroidir jusqu'à produire des précipitations. Il convient de noter que les précipitations annuelles moyennes sont plus importantes sur les versants occidentaux des chaînes de montagnes situées à l'ouest des montagnes Rocheuses.

Grâce au processus de transpiration, les arbres libèrent d'énormes quantités de vapeur d'eau dans l'atmosphère à un rythme assez régulier et fiable. Par conséquent, si les forêts sont cultivées juste à l'est de la sierra Nevada et de la chaîne Wasatch, l'air chaud et humide s'élevant des forêts sera poussé vers l'est par les vents dominants et contre la chaîne Wasatch et les Rocheuses respectivement, soulevé et refroidi de sorte que les précipitations annuelles moyennes augmenteront dans ces régions. Il est également probable que les précipitations augmenteraient quelque peu dans les zones situées entre les forêts et les versants occidentaux des montagnes. Dans le cadre d'un tel programme, les forêts permettraient : une culture de bois d'œuvre, le conditionnement du sol et l'augmentation des précipitations dans les zones arides et semi-arides. Dans l'exemple ci-dessus, les forêts ne créent pas les précipitations, elles ne font qu'augmenter la quantité de vapeur d'eau dans l'air qui a été préalablement asséché par la chaîne de montagnes que l'air a dû traverser. Les montagnes provoquent la condensation et les précipitations, ce qui engendre de la pluie. Ce phénomène est incontestable.

La croissance des forêts sur des terres aujourd'hui arides ou se-mi-arides soulève une autre question : quel sera l'effet du boisement sur le climat en général, et sur les précipitations en particulier ? Nous avons montré ce qui se passe lorsque les vents dominants poussent l'air chargé d'humidité vers les hauteurs ou contre les montagnes. Pourtant, ici, la question porte sur l'influence de la forêt à l'intérieur de la zone forestière elle-même et dans les secteurs environnants. Outre le processus de transpiration, le feuillage et la végétation en général interceptent les précipitations qui s'évaporent ensuite directement. Le simple fait de mettre plus de vapeur d'eau dans l'air ne garantit pas, en soi, que la condensation et les précipitations suivront ; c'est pour-quoi une attention particulière est accordée à l'influence des forêts sur la condensation de la vapeur d'eau.

Les preuves relatives à l'effet de la forêt sur les précipitations sont à la fois insuffisantes et contradictoires ; ce sujet fait l'objet de contro-verses depuis de nombreuses années. Certains pensent qu'il est beaucoup plus facile de dire que les forêts poussent dans les régions où les précipitations sont suffisantes et d'en rester là. Cependant, tout comme les plantes modifient le sol sur lequel elles poussent, les forêts modifient l'atmosphère. La question est importante et mérite donc d'être examinée de plus près. La progression des zones déser-tiques et semi-désertiques a souvent été attribuée à la destruction des forêts au Moyen-Orient et autour du Sahara.[319]

Il fut démontré précédemment que la chute de glace sèche dans le cadre de la « fabrication de pluie » produisait des précipitations là où il n'y en aurait pas eu autrement, et que ce processus ne fonctionnait que lorsque les nuages étaient proches de la température à laquelle les cristaux de glace se forment naturellement. Il se peut que, d'une manière inconnue à ce jour, les forêts déclenchent elles aussi des pré-cipitations. « Des preuves assez satisfaisantes ont permis d'affirmer que, dans certaines conditions, la présence de forêts peut faire pen-cher la balance et provoquer la chute d'une averse qui, autrement, ne tomberait pas à cet endroit ».[320] En tout cas, avec les énormes quanti-tés de vapeur d'eau qui se trouveraient dans l'atmosphère au-dessus des déserts à la suite du reboisement, la nucléation artificielle s'avé-rerait plus fructueuse.

---

319. *Forestry*, H. G. Champion, Oxford University Press, 1954, p. 59.
320. *Idem*, p. 60.

Selon Geiger, H. F. Blanford publia en 1875 un article dans lequel il pensait avoir constaté une augmentation des précipitations à la suite d'un grand projet de reboisement dans la partie centrale du sud de l'Inde.[321] Les recherches de Blanford ont couvert plusieurs décennies : une décennie avant le reboisement et une décennie après la fin du reboisement. Zon, un fervent partisan, déclare : « Les forêts augmentent à la fois l'abondance et la fréquence des précipitations locales dans les zones qu'elles occupent, l'excès de précipitations par rapport aux zones avoisinantes non boisées s'élevant dans certains cas à plus de 25 %. L'influence des montagnes sur les précipitations est renforcée par la présence de forêts ».[322] Schubert montre, en calculant les erreurs probables, que les précipitations étaient plus étroitement liées au reboisement que n'importe lequel des autres facteurs accidentellement efficaces. Selon Geiger, la conclusion des travaux de Schubert, publiés en 1937, était double : « 1,6 % des précipitations de l'année sur la lande de Letzlinger peuvent être attribués à l'influence du reboisement, et l'influence de la forêt dans les années sèches est manifestement plus importante que dans les années humides ».[323] Geiger cite également les travaux de M. Gusinde et F. Lauscher au Congo. En 1934, ils constatèrent que les précipitations annuelles de 1 979 mm dans les clairières de la forêt vierge dépassaient de près de 33 % les précipitations moyennes de 1 491 mm relevées dans les huit stations environnantes situées en dehors de la région de l'immense forêt. Geiger conclut que « bien que ces valeurs doivent être considérées avec une grande prudence en raison de la courte période d'observation, ces relevés plaident davantage en faveur d'une augmentation des précipitations par la forêt qu'en défaveur de celle-ci ».[324]

Hursh et Connaughton[325] rapportent les conclusions de l'Appalachian Forest Experiment Station, qui avait installé des stations météoro-

---

321. *Das Klima der Bodennahen Luftschicht*, Rudolph Geiger, traduit en anglais par Milroy N. Stewart, *The Climate Near the Ground*, Harvard University Press, 1957, pp. 310-1.
322. *Forests and Water in the Light of Scientific Investigation*, R. Zon, U.S. Nat. Waterways Comm. Final Report, 62ᵉ Congrès, 2ᵉ session, Senate Document 469, 1927, Appendice V, pp. 205-302.
323. *Das Klima der Bodennahen Luftschicht*, Rudolph Geiger, traduit en anglais par Milroy N. Stewart, *The Climate Near the Ground*, Harvard Univ. Press, 1957, p. 311.
324. *Idem.*
325. *Effects of Forests Upon Local Climate*, C. R. Hursh et C. A. Connaughton, *Journal of Forestry*, 36, 1938, pp. 864-6.

logiques dans le Bassin du cuivre, dans l'est du Tennessee, où les fumées de fonderie avaient dénudé près de 30 km², ainsi que dans la zone forestière adjacente. Le total des précipitations sur deux ans a été enregistré comme étant de 240 cm pour la zone dénudée et de 292 cm pour la zone forestière adjacente. Très souvent, de telles différences sont attribuables au fait que les jauges, situées dans une zone plus abritée, isolée du vent, captent plus de pluie. Cependant, dans cette étude, la même relation, 21 % de précipitations en plus dans la zone forestière que dans la zone dénudée, ont été obtenus lors de tempêtes où il n'y avait pas de vent.

Aucune des études susmentionnées ne se réfère spécifiquement à l'effet du boisement dans les régions arides et semi-arides. Quelles sont alors les possibilités à partir de ce que l'on sait ?

L'on sait que les feuilles et les branches des arbres interceptent les précipitations et que l'évaporation se produit directement à partir de celles-ci. L'on sait également que, par le processus de transpiration, les arbres rejettent d'énormes quantités d'eau sous forme de vapeur, et que cela fait partie d'un processus d'échange de chaleur. Les arbres, ainsi que d'autres plantes vertes, extraient le dioxyde de carbone de l'atmosphère et rejettent de l'oxygène dans l'atmosphère. Certains des processus susmentionnés seront maintenant examinés uniquement du point de vue de leur effet possible sur la condensation de gouttelettes d'eau suffisamment grosses pour précipiter.

Rappelons que la convection ou l'orage est le résultat d'un réchauffement inégal. Lorsque l'air au-dessus d'une localité devient plus chaud que l'air environnant, il monte, se dilate et se refroidit en montant. S'il se refroidit suffisamment et qu'il contient assez d'humidité, des précipitations se produisent. Dans les régions arides ou semi-arides, l'air au-dessus d'une forêt doit être plus frais que l'air au-dessus d'une zone aride adjacente, dans la mesure où la transformation de l'eau en vapeur d'eau absorbe une partie de la chaleur. Ainsi, une grande quantité de chaleur est rendue latente par l'évaporation et n'est restituée que par la condensation. Si les forêts sont cultivées de manière à fournir de grandes zones ouvertes, l'air chargé de vapeur, lorsqu'il est soufflé au-dessus de la région d'air chaud, sera chauffé et contraint de s'élever, de sorte qu'en s'élevant et en se refroidissant, la condensation et les précipitations puissent se produire. Ce type d'orage convectif se produit généralement l'après-midi, lorsque la surface est la plus chaude. En outre, les couronnes des arbres, qui ont absorbé et accumulé de grandes quantités de chaleur au cours de la journée, relâchent la chaleur et provoquent ainsi une convection verticale d'air humide en soirée.

Un résultat inattendu de l'utilisation d'une trop grande quantité de glace sèche lors des opérations d'ensemencement des nuages est l'empêchement des précipitations. Trop de noyaux de glace sont formés, et il n'y a pas assez d'eau dans le nuage pour les transformer tous en flocons suffisamment gros pour tomber. Les vents transportent de nombreuses particules désertiques sur des milliers de kilomètres et, dans les déserts eux-mêmes, l'air plus frais s'engouffre pour remplacer l'air chaud du désert qui s'est élevé. Ce faisant, il absorbe de nombreuses particules du désert, se réchauffe à son tour et s'élève dans l'air, apportant avec lui un nombre considérable de particules. Un tel excès de particules peut en fait empêcher les précipitations. L'introduction d'une forêt dans la zone désertique réduira le nombre de particules. « La quantité de poussière, dit Landsberg, diminue très rapidement vers l'intérieur d'une forêt et un courant d'air voyageant au-dessus de régions boisées est efficacement filtré. »[326] En outre, l'introduction de vapeur d'eau dans la région peut en fait favoriser la chute d'un grand nombre de ces particules, de sorte que l'air ascendant chargé d'humidité peut contribuer, par sa condensation ultérieure, à la diminution du nombre de particules existant par la suite. En raison de la condensation continue, les gouttelettes à l'intérieur d'un nuage peuvent devenir relativement grosses, suffisamment grosses pour précipiter et retomber sur terre. Junge dit que dans les terres, les noyaux de condensation sont constitués de particules plus grandes que 0,0001 mm et que le rôle important dans la formation de la pluie est probablement joué par des particules plus grandes que 0,005 mm.[327]

Au cours des cinquante dernières années, il y a eu une augmentation apparente du dioxyde de carbone. « En raison du rôle du CO_2 dans le bilan thermique de notre atmosphère, explique Junge, cette

---

326. *Physical Climatology*, Helmut Landsberg, School of Mineral Industries, The Pennsylvania State College, 1942, p. 209.
327. *Atmospheric Chemistry*, Christian E. Junge, *Advances in Geophysics*, 4, édité par H. E. Landsberg, Academic Press 1958, p. 4.

augmentation devrait accroître la température moyenne de l'atmosphère d'une petite quantité, bien que mesurable. Un tel phénomène fut observé dans plusieurs régions du monde. Le problème de l'augmentation du CO_2 est donc d'une importance fondamentale pour la météorologie. » [328]

Gilbert Plass, physicien à l'université Johns Hopkins, estime que six milliards de tonnes de dioxyde de carbone sont ajoutées à l'atmosphère chaque année et, qu'à ce rythme, la quantité de dioxyde de carbone atmosphérique doublera d'ici 2080. L'augmentation du dioxyde de carbone ne réchauffe pas seulement le climat, mais réduit également la quantité de rayonnement réfléchie par les sommets des nuages. Le pourcentage d'énergie radiante réfléchie par une surface s'appelle l'albédo. Selon Landsberg, l'albédo des nuages est de 60 % à 70 %.[329] En bloquant la perte de chaleur du sommet des nuages, explique Plass, la différence de température entre le sommet et la base des nuages est réduite, ce qui affaiblit les courants de convection atmosphériques responsables des précipitations.[330] À l'inverse, Plass estime qu'une diminution du dioxyde de carbone atmosphérique entraînerait un climat plus humide et plus frais.[331] L'affirmation selon laquelle le dioxyde de carbone devrait être moins présent en altitude en raison de sa densité élevée est réfutée par Landsberg.[332]

Le facteur le plus important pour l'élimination du dioxyde de carbone de l'atmosphère est le processus de photosynthèse.[333] Cette idée est soutenue par Junge[334] lorsqu'il dit que les processus biologiques dans les terres, dont environ 90 % sont attribuables aux forêts et aux zones cultivées, influencent de manière dominante le cycle du dioxyde de carbone. Il en conclut que la concentration de CO_2 dans l'air serait immédiatement affectée par toute perturbation du cycle biologique. En raison de son long cycle, Junge estime que l'océan ne peut exercer

328. *Idem*, p.45.
329. *Physical Climatology*, Helmut Landsberg, School of Mineral Industries, The Pennsylvania State College, 1942, p. 90.
330. *Earth is a Hothouse*, G. N. Plass, *Scientific American*, 189, juillet 1953, p. 44.
331. Idem, p.46.
332. *Physical Climatology*, Helmut Landsberg, School of Mineral Industries, The Pennsylvania State College, 1942, p. 78.
333. *Carbon Dioxide*, Elton L. Quinn et Charles L. Jones, Reinhold Publishing Corporation, 1936, p. 31.
334. *Atmospheric Chemistry*, Christian E. Junge, *Advances in Geophysics*, 4, édité par H. E. Landsberg, Academic Press 1958, p. 47.

qu'un effet d'amortissement sur les variations de la concentration de CO_2 dans l'air.

Le composé le plus variable dans la composition normale de l'atmosphère terrestre est le dioxyde de carbone qui peut varier de 0,023 % à 0,050 %. Quinn et Jones affirment que les concentrations exactes de dioxyde de carbone dans l'air au-dessus des zones boisées, des terres désertiques, dans l'atmosphère près des pôles Nord et Sud, au-dessus des mers, des lacs, etc., sont d'une grande importance pour ceux qui travaillent dans le domaine de la photosynthèse.[335]

Quinn et Jones citent les travaux de N. T. de Saussure en 1830. Ils affirment : « Son observation la plus remarquable concernait la différence de concentration de dioxyde de carbone entre le jour et la nuit. Ses valeurs obtenues la nuit étaient un peu plus élevées que celles obtenues le jour. »[336] Ceci est conforme à l'écrit récent de Hutchinson, qui montre que la fixation du dioxyde de carbone par photosynthèse se produit pendant la journée et que, par le processus de respiration du sol, ainsi que par la décomposition organique, le dioxyde de carbone est libéré pendant la nuit.[337] Junge affirme que l'excès de consommation de CO_2 pendant le jour et l'excès de production pendant la nuit donnent lieu à un gradient vertical de CO_2 qui dépend également de la distribution verticale de la diffusion tourbillonnaire.[338] On rappellera qu'il ne peut y avoir de croissance végétale si la quantité de dioxyde de carbone fixée par photosynthèse n'est pas supérieure à la quantité de dioxyde de carbone libérée.

Les particules qui agissent comme des noyaux de condensation peuvent être constituées de matériaux solides, de gouttelettes ou d'un mélange des deux, et leur rayon augmente avec l'humidité relative. Il existe de nombreux gaz à l'état de traces et leur rôle précis dans les précipitations, bien qu'ils soient présents dans la pluie et que certains d'entre eux agissent comme des noyaux de condensation, n'est pas connu. Par exemple, l'oxyde nitreux [N_2O] est produit

---

335. *Carbon Dioxide*, Elton L. Quinn et Charles L. Jones, Reinhold Publishing Corporation, 1936, p. 19.
336. *Idem*.
337. *The Biochemistry of the Terrestrial Atmosphere*, G. E. Hutchinson, *The Earth as a Planet*, édité par G. P. Kuiper, University of Chicago Press, 1954, pp. 371-433.
338. *Atmospheric Chemistry*, Christian E. Junge, *Advances in Geophysics*, 4, édité par H. E. Landsberg, Academic Press, 1958, pp. 45-6.

lors de la décomposition des composés azotés par les bactéries du sol. La quantité d'oxyde nitreux produite augmente lorsque le sol a une teneur en eau élevée et qu'il est donc mal aéré. Junge estime qu'il est très significatif que le sol puisse jouer un rôle dominant dans le bilan d'une substance trace atmosphérique d'une concentration aussi élevée.[339] Des analyses récentes de l'eau de pluie indiquent une importance similaire du sol par rapport à la teneur en NH_3 et en SO_2 de l'atmosphère. Il a été observé que l'eau de pluie collectée sous les arbres présente une concentration de substances traces nettement plus élevée que l'eau de pluie normale, principalement au début de la pluie.[340]

La croissance des forêts dans les zones arides et semi-arides pourrait avoir des effets profonds. La vapeur d'eau supplémentaire dans l'air agit comme une couverture, comme toute autre grande étendue d'eau, de sorte que les zones désertiques devraient devenir plus tempérées ; moins de chaleur pendant la journée et plus de chaleur pendant la nuit. Pour obtenir des réponses plus définitives sur l'étendue réelle de l'influence de la forêt sur le climat en général, et sur les précipitations en particulier, des recherches supplémentaires sont nécessaires. Elles permettront d'observer et de mesurer de près tous les facteurs possibles, avant, pendant et après la réalisation d'un programme de boisement dans le désert.

L'approvisionnement en eau des municipalités et la santé publique

L'approvisionnement en eau des grandes municipalités est devenu une tâche de plus en plus difficile et herculéenne. « En fait, déclare Fleming, l'approvisionnement en eau potable d'une grande ville est un processus si complexe que l'on pourrait presque dire que le produit fini est fabriqué. »[341] Le tableau suivant est adapté des informations citées par Fleming :

---

339. *Idem*, p. 59.
340. *Idem*, p. 73.
341. *The Problem of Water*, Roscoe Fleming, *Britannica Book of the Year*, 1957, Encyclopaedia Britannica, 1957, p. 7.

Minneapolis, Minnesota
Source d'eau : fleuve Mississippi

Traitement et utilisation annuelle		Objectif
Substance	**Quantité**	
Alun	2 720 tonnes	Enlever la couleur et les matières qui ne se dissoudront pas
Chaux	8 160 tonnes	Adoucir l'eau
Dioxyde de carbone	1 133 tonnes	La garder douce
Chlore	350 tonnes	Pour tuer les bactéries
Sulfate d'ammonium	250 tonnes	Pour garder l'eau pure jusqu'à ce qu'elle atteigne le robinet

Minneapolis n'est pas non plus une exception. Pratiquement toutes les municipalités soumettent leur approvisionnement en eau, en tout ou en partie, à divers traitements. Voici une liste plus complète des traitements utilisés par cinquante villes : charbon actif, alun, ammoniaque, chlore, soude caustique, sulfate de cuivre, sulfate ferreux, fluorure, échangeur d'ions, chaux, phosphate, carbonate de soude et silicate de sodium. L'American Water Works Association énumère dix produits chimiques pour le traitement par coagulation, douze pour la désinfection, neuf pour le traitement du goût et de l'odeur, quatre pour l'adoucissement, quatre pour la prophylaxie et huit pour le contrôle du tartre et de la corrosion.[342] En examinant la teneur des eaux potables en ingrédients ayant une valeur physiologique, l'American Water Works Association soulève une question importante, à savoir si l'eau potable doit continuer à être évaluée uniquement sur la base de l'absence de substances nocives ou de micro-organismes.[343]

Lors d'une réunion scientifique tenue récemment à H. W. Poston, du service de santé publique des États-Unis, évoque la pollution constante de notre eau potable par des centaines de nouveaux produits chimiques dont les effets sur la santé humaine sont totalement inconnus. Certains de ces nouveaux produits chimiques, tels que les

---

342. *Water Quality and Treatment*, The American Water Works Association, 1950, pp. 434-41.
343. *Idem*, p. 377.

plastiques, les détergents et les insecticides, ne peuvent pas être complètement éliminés de l'eau par les méthodes habituelles. M. Poston déclare :

> Nous ne savons pas comment éliminer les virus de l'eau traitée. Nous ne connaissons pas les effets sur le système humain de l'accumulation constante de petites quantités de produits chimiques actuels.[344]

Les maladies chroniques, dans la mesure où les maladies aiguës ont été de mieux en mieux contrôlées, n'ont cessé de prendre de l'importance. Cela est particulièrement vrai dans une population où la proportion de personnes âgées augmente. Selon une étude récente de la compagnie d'assurances Metropolitan Life : « En 1901, 46 % seulement des décès aux États-Unis étaient dus à des maladies chroniques ; en 1955, cette proportion est passée à 81 %. La catégorie des maladies chroniques comprend essentiellement les principales maladies cardiovasculaires et rénales et le cancer, qui représentent actuellement respectivement 54 % et 16 % de l'ensemble des décès ».[345] Chaque membre de la population est une victime potentielle des maladies chroniques et l'on estime qu'en 1950, 28 millions d'Américains souffrent d'une maladie ou d'une déficience chronique invalidante ou non invalidante.[346]

Une enquête récente indique que, dans la population non institutionnelle de Baltimore, près de 1 600 maladies chroniques pour mille habitants, soit 1,6 maladie par personne, ont été diagnostiquées.[347] L'enquête révèle que les maladies chroniques ne tiennent pas compte de l'âge, du sexe, de la couleur de peau ou du revenu familial.

Il y a 407 maladies pour mille enfants âgés de moins de quinze ans ; 29,2 % de ces enfants ont une ou plusieurs maladies chroniques et 17,4 % ont une ou plusieurs maladies chroniques graves. Une maladie chronique grave interfère avec ou limite les activités ou nécessite des soins, ou est susceptible d'entraîner l'une ou l'autre de ces

344. Associated Press Story, *Long Beach Press Telegram*, 30 décembre 1959, p. A2.
345. *The Increasing Dominance of Chronic Diseases*, *Statistical Bulletin*, 39, Metropolitan Life Insurance Co., août 1958.
346. *Prevention of Chronic Illness*, Commission on Chronic Illness, *Chronic Illness in the United States*, v o l . I, Harvard University Press, 1957, p. xv.
347. *Chronic Illness in a Large City – The Baltimore Study*, Commission on Chronic Illness, *Chronic Illness in the United States*, v o l . I V, Harvard University Press, 1957, pp. 49-55.

conséquences à l'avenir. Il y a 1 205 maladies pour mille personnes âgées de 15 à 34 ans ; 63,5 % souffrent d'une ou de plusieurs maladies chroniques et 31 % d'une ou de plusieurs maladies chroniques graves. Dans le groupe d'âge des 35 à 64 ans, il y a 2 199 maladies chroniques pour mille personnes ; 85,8 % d'entre elles souffrent d'une ou de plusieurs maladies chroniques et 65,9 % d'une ou de plusieurs maladies chroniques graves. Dans le groupe d'âge des plus de 65 ans, on compte 4 042 maladies chroniques pour mille, dont 95,4 % avec une ou plusieurs maladies chroniques et 85,2 % avec une ou plusieurs maladies chroniques graves.

En ajustant les différences d'âge, il y a 1 671 maladies chroniques pour mille chez les femmes et 1 499 chez les hommes. Parmi les femmes, 68 % souffrent d'une ou plusieurs maladies chroniques et 47,5 % d'une ou plusieurs maladies chroniques graves. Parmi les hommes, 61,5 % souffrent d'une ou plusieurs maladies chroniques et 41 % d'une ou plusieurs maladies chroniques graves.

Dans la population blanche, le taux est de 1 635 pour mille, tandis que dans la population non blanche, le taux est de 1 387 pour mille. Dans la population blanche, 66,7 % des personnes souffrent d'une maladie chronique et 43,8 % d'une maladie chronique grave, tandis que dans la population non blanche, 60,3 % des personnes souffrent d'une maladie chronique et 46,1 % d'une maladie chronique grave.

Si l'on considère le revenu familial annuel et en ajustant les différences d'âge, on obtient les résultats suivants : moins de 2 000 dollars par an, 1 807 maladies chroniques pour mille ; de 2 000 à 3 999 dollars, 1 592 maladies pour mille ; de 4 000 à 5 999 dollars, 1 519 pour mille ; et avec un revenu familial supérieur à 6 000 dollars, le taux de maladies chroniques est de 1 419 pour mille.

Une déclaration commune de recommandations de l'American Hospital Association, de l'American Medical Association, de l'American Public Health Association et de l'American Public Welfare Association inclut ce qui suit : « L'approche fondamentale des maladies chroniques doit être préventive. Sinon, les problèmes créés par les maladies chroniques s'aggraveront avec le temps et l'espoir d'une diminution substantielle de leur incidence et de leur gravité sera reporté de nombreuses années ».[348] La Commission sur les maladies

---

348. *American Journal of Public Health*, 37, octobre 1947. p. 1257.

chroniques a décidé très tôt que « la prévention, dans son sens le plus étroit, signifie éviter le développement d'un état pathologique ; plus largement, elle comprend également toutes les mesures qui arrêtent la progression de la maladie vers l'invalidité ou la mort ».[349] Dans une discussion sur la préventivité dans l'étude de Baltimore, la déclaration suivante est faite : « La possibilité d'une prévention primaire – la prévention de l'apparition d'une maladie chronique – n'a pas été envisagée. Cependant, l'on a tenté de mesurer la quantité de maladies chroniques dont on aurait pu empêcher l'évolution vers l'état de maladie, d'invalidité et de décès, ou dont on aurait pu ralentir l'évolution. »[350]

Il fut noté dans un chapitre précédent que les aspects sanitaires de la pollution de l'eau n'ont commencé à retenir l'attention aux États-Unis qu'à la fin du XIXᵉ siècle. Par la suite, les maladies aiguës associées aux eaux polluées ont été maîtrisées. L'importance de l'eau et son rôle dans le corps humain ne peuvent être sous-estimés. Il est temps d'examiner l'eau sous l'angle des maladies chroniques. Le Service de santé publique des États-Unis a fixé les quantités maximales de diverses substances chimiques dans l'eau destinée à la consommation. Il s'agit, par exemple, du plomb, du cuivre, du zinc, des sulfates, du magnésium, des chlorures et du fer. En outre, des normes furent établies pour la qualité bactériologique et la qualité physique de l'eau.

L'hôpital du comté de Los Angeles, après une étude de 390 cœurs normaux, établit les quantités moyennes de treize métaux traces contenus dans le tissu du cœur normal. Les quantités de ces métaux traces, contenues dans le tissu cardiaque, ont ensuite été étudiées dans des cas d'hypertension, de diabète et de certaines affections cardiaques. Cette recherche révèle que certains schémas de métaux traces existent dans des affections particulières. Le Dr Blakrishna Hegde, de l'école de médecine de l'université de Californie du Sud, pense, à la suite de ses études, que des altérations importantes des quantités de certains métaux dans le tissu cardiaque peuvent être à l'origine de certaines maladies cardiaques, et que les altérations par

---

349. *Prevention of Chronic Illness*, Commission on Chronic Illness, *Chronic Illness in the United States*, v o l . I , Harvard University Press, 1957, p. 4.
350. *Chronic Illness in a Large City – The Baltimore Study*, Commission on Chronic Illness, *Chronic Illness in the United States*, v o l . I V , Harvard University Press, 1957, pp. 49-55.

rapport aux valeurs normales des métaux dans le sang pourraient aider au diagnostic et au traitement des maladies cardiaques.

Les métaux, ainsi que d'autres éléments et composés inorganiques et organiques, sont absorbés par le corps humain par le biais des aliments et des liquides consommés. Théoriquement, avec une efficacité de 100 %, les reins humains, grâce à leurs millions de touffes et de tubes glomérulaires, contrôlent chaque goutte de liquide tissulaire plusieurs fois par jour pour s'assurer que les substances chimiques inorganiques solubles dans le corps humain sont maintenues en parfait équilibre. Par conséquent, une trace de trop d'un produit chimique est éliminée dans l'urine ; s'il y en a trop peu, elle est accumulée jusqu'à ce que les bonnes proportions soient maintenues. Comme nous l'avons vu plus haut, l'homme ou ses machines sont rarement efficaces à 100 %. L'ingestion continue de métaux et d'autres produits chimiques en excès, sur de longues périodes, peut entraîner une plus grande tolérance de la part des reins, de sorte qu'une accumulation progressive peut être autorisée. Ou bien les excès continus peuvent provoquer une suractivité des reins, entraînant ainsi une privation progressive sur une longue période.

Les fluides corporels sont composés principalement d'eau, de certains électrolytes inorganiques et de protéines. Quelques définitions s'imposent.

Un électrolyte est une substance qui, lorsqu'elle est dissoute dans l'eau, produit un milieu capable d'agir comme conducteur. En d'autres termes, il s'agit d'un composé qui, en solution, conduit un courant électrique. Le courant est transporté par des ions et non par des électrons, comme dans les métaux. Un ion, rappelons-le, est un atome dissocié. Un ion chargé négativement est un anion, tandis qu'un cation est un ion chargé positivement. Les cations présents dans les fluides corporels, c'est-à-dire les électrolytes chargés positivement, sont Na^+, K^+, Ca^+, Mg^+, H^+ et NH^+. Les anions, ou électrolytes chargés négativement, sont le Cl^-, le HCO^-, les protéines, les phosphates, les sulfates, les acides organiques et autres. Ces cations et anions sont présents dans tous les fluides corporels à des concentrations plus ou moins élevées, ainsi que dans les tissus, bien qu'ils ne soient pas nécessairement tous présents dans certains tissus.

Elkinton et Danowski affirment que l'analyse de la teneur en électrolytes devrait de préférence se faire par analyse du sérum ou du plasma plutôt que du sang total, car la composition des électrolytes à l'intérieur des cellules sanguines est très différente de celle du plasma.[351] Winkler, Hoff et Smith résument les effets cardiovasculaires expérimentaux du potassium, du calcium, du magnésium et du baryum, en augmentant lentement la concentration de chaque ion. Ils affirment :

> Des chiens et des chats sous morphine et anesthésie locale furent utilisés. Les chlorures ou les sulfates de ces éléments sont injectés à un rythme lent et uniforme jusqu'à la mort. Des électrocardiogrammes en série sont réalisés au cours de l'injection et la pression artérielle est continuellement enregistrée. À intervalles réguliers pendant l'injection, la concentration dans le sérum de l'ion injecté est mesurée. À partir de ces valeurs, la concentration dans le sérum de l'ion correspondant à chaque effet peut être obtenue par interpolation. La seule exception à cette procédure est faite pour le baryum, pour lequel aucune méthode appropriée n'était disponible.[352]

Elkinton et Danowski notent que la concentration de certains électrolytes varie avec l'âge et le sexe. Dans la mesure où les concentrations d'électrolytes sont mesurées dans le sérum sanguin, ils présentent une série de tableaux pour les valeurs moyennes du sodium sérique, du potassium sérique, du calcium sérique, du CO_2 sérique, du chlorure sérique, du phosphore inorganique sérique et pour d'autres concentrations sériques. Les concentrations sériques indiquées concernent des individus en bonne santé appartenant aux groupes d'âge suivants : nouveau-nés, enfants de 5 à 20 ans, jeunes adultes de 20 à 30 ans et personnes âgées de 70 à 90 ans.

L'environnement le plus important pour l'homme n'est pas l'air qu'il respire, mais les fluides corporels qui imprègnent et entourent toutes les cellules de ses tissus. L'eau entre ou sort de n'importe quel compartiment de liquide corporel en réponse à des changements de pression osmotique. L'eau extracellulaire transporte les nutriments qui se diffusent dans les cellules et élimine les déchets du métabo-

351. *The Body Fluids*, J. Russell Elkinton et T. S. Danowski, The Williams and Wilkins Co., 1955, p. 118.

352. *Cardiovascular Effects of Potassium, Calcium, Magnesium, and Barium*, A. W. Winkler, H. E. Hoff et P. K. Smith, *Yale Jour. Biol. & Med.*, 13 octobre 1940, pp. 123-4.

lisme tissulaire, et chaque cellule dépend, pour sa fonction, de la concentration relative de l'eau. Elkinton et Danowski soulignent que les mécanismes homéostatiques tendent à maintenir l'eau et les solutés corporels constants en bonne santé.[353] Dans la phase initiale du développement d'un excès ou d'un déficit, cependant, les concentrations ne sont maintenues que par des changements dans le volume du liquide, alors que les concentrations sont sacrifiées au profit du volume dans les phases ultérieures.

Weisberg donne les concentrations en électrolytes des différents compartiments du corps en termes de cations et d'anions présents dans les cellules, les espaces entre les cellules, les vaisseaux et les conduits.[354] Les concentrations d'électrolytes n'indiquent pas la quantité totale du soluté présent, à moins que les mesures de volume ne soient également connues. Weisberg indique le contenu total moyen du corps et l'échange quotidien d'eau et d'électrolytes,[355] et Elkinton et Danowski donnent des diagnostics d'anomalies spécifiques concernant les constituants des fluides tels que le sodium, le chlorure, le potassium, le phosphore, le magnésium et le bicarbonate.[356] Les changements dans les concentrations d'électrolytes entraînent des changements dans le volume du liquide corporel, et il semble que sur une longue période de temps, les mécanismes du corps peuvent sacrifier les contrôles de ces concentrations dans un effort pour maintenir le volume du liquide corporel. Par conséquent, il est tout à fait possible que l'ingestion de quantités excessives de produits chimiques, qui agissent comme des électrolytes dans les fluides corporels, sur une longue période, s'accumule progressivement et entraîne des maladies chroniques et, finalement, la mort.

Grâce à des enquêtes telles que l'étude de Baltimore et à des expériences contrôlées, l'existence d'une corrélation entre les maladies chroniques, les quantités de métaux traces dans les tissus cardiaques et les concentrations d'électrolytes dans les fluides corporels, d'une part, et le type, la qualité et le traitement éventuel de l'eau distribuée dans diverses régions du pays, d'autre part, peut être très révélatrice.

---

353. *Idem*, pp. 133-4.
354. *Water, Electrolyte and Acid-Base Balance*, Harry F. Weisberg, The Williams and Wilkins Co., 1953, p. 34.
355. *Idem*, p. 29.
356. *The Body Fluids*, J. Russell Elkinton et T. S. Danowski, The Williams and Wilkins Co., 1955, pp. 478-87.

Le défi de l'homme

Il est indéniable que l'homme, à travers de nombreuses civilisations, a apporté de nombreux changements, mais le plus grand changement apporté par l'homme fut le passage de la forêt et de la prairie d'origine à des zones cultivées ou stériles. Il est temps que l'homme commence à réaliser les erreurs des civilisations précédentes et à penser à plus long terme. À court terme, les changements sont imperceptibles, mais ils existent néanmoins. Si nous voulons éviter de devenir une nation « démunie », nous devons commencer à inverser la tendance pendant qu'il en est encore temps. Si nous nous préoccupons du plus grand bien pour le plus grand nombre, nous devrions tenir compte de la remarque de l'amiral Moreell selon laquelle le plus grand nombre n'est pas encore né.

Cette expression, « le plus grand bien pour le plus grand nombre », a été trop souvent utilisée, parfois pour dissimuler une planification inadéquate ou médiocre, ou tout simplement mal conçue. Par exemple, dans *Water Facts for Californians*, publié par le département des ressources en eau de l'État de Californie en 1958, le directeur du département, Harvey O. Banks, laisse entendre que le plan de gestion de l'eau de l'État vise le plus grand bien lorsqu'il termine son avant-propos par « L'histoire de cette nation a prouvé de manière concluante qu'un public informé et éclairé, lorsqu'il est libre de faire un choix, prend des décisions qui conduisent au plus grand bénéfice pour le plus grand nombre. » Ce qui est curieux, c'est que même la référence à un public informé et éclairé n'était qu'un vœu pieux, et ce pour plusieurs raisons.

Tout d'abord, cette même année, l'administration tente de faire en sorte que la législature de 1958 entame la construction d'une première tranche du projet Feather River, en partant de l'hypothèse audacieuse que le fait de le faire avec l'argent du Trésor public engagerait la population de l'État dans une dépense extrêmement importante qui, aujourd'hui encore, n'est pas perçue par beaucoup. En novembre 1960, les habitants de l'État de Californie seront appelés à voter sur une émission d'obligations d'un montant d'un milliard trois quarts de dollars pour le lancement du programme d'eau de l'État, mais combien savent que lorsque le programme fut proposé pour la première fois en 1957, son coût était estimé à 11,4 milliards de dollars, puis en 1958 à 13 milliards de dollars, et enfin en octobre 1959, lors d'un témoignage devant la commission du Sénat américain sur les ressources nationales en eau, le chiffre passe à 14 milliards de dollars. Si l'on examine les programmes antérieurs à grande échelle, on constate généralement que les estimations initiales sont souvent trois fois inférieures à la réalité, de sorte qu'en réalité, nous parlons probablement d'un programme total de 30 à 45 milliards de dollars. Tous ces milliards, mais pas un centime pour une étude objective des « nouvelles » sources d'approvisionnement en eau qui sont disponibles pour une petite fraction du coût.

Deuxièmement : Dewey Anderson, directeur exécutif du Public Affairs Institute, a rédigé une brochure intitulée *Meeting California's Water Needs* (*Répondre aux besoins en eau de la Californie*), publiée par cet organisme de recherche non partisan et à but non lucratif en 1958. Les douze illustrations spécifiques d'Anderson remettent en question le California Water Plan en le qualifiant de trop général, vague, extravagant, inadéquat, une conception d'artiste au lieu de plans réalisables, et un plan qui évite un problème vital après l'autre.

Troisièmement : Adolph J. Ackerman, ingénieur-conseil de Madison (Wisconsin), qui est membre du comité de sept ingénieurs chargés d'étudier le plan d'eau, présente en janvier 1960 une analyse devant le Commonwealth Club de San Francisco. Il déclare : « Il est temps de faire face à la situation : le moment est venu de faire face à des vérités désagréables et de séparer la vérité des affirmations promotionnelles. » M. Ackerman affirme que les études de faisabilité financière ou de justification du projet, telles qu'elles sont traditionnellement présentées, ne furent pas réalisées et qu'aucun concept clairement élaboré pouvant être considéré comme valable et conforme à l'intérêt public ne fut démontré.

Les références à l'État de Californie n'impliquent pas que ses fonctionnaires soient moins honnêtes ou moins intelligents que les fonctionnaires d'autres États. En revanche, elles démontrent clairement qu'une croissance démographique considérable, associée à un approvisionnement en eau inadéquat pour faire face à cette croissance, peut donner lieu à des réflexions et à des actions qui ne sont pas rationnelles. Si d'autres États ne se réveillent pas rapidement, ils se retrouveront dans la même situation intenable.

Dans le domaine de l'économie, une marchandise n'est jamais en pénurie au sens absolu du terme. Si l'offre d'une marchandise donnée devient insuffisante par rapport à la demande effective de cette marchandise, celle-ci n'est pas totalement indisponible ; elle devient seulement indisponible à l'ancien prix. Le fait que la demande excède l'offre entraîne une hausse des prix, ce qui peut avoir plusieurs conséquences. Soit les produits rares sont réservés à ceux qui disposent des ressources financières nécessaires, soit l'État instaure un contrôle total de l'offre du produit et en rationne la distribution, soit les prix plus élevés encouragent le développement de moyens qui produiront des quantités supplémentaires de produits rares et entraîneront ainsi une baisse relative des prix. Il n'existe pas de substitut connu à l'eau. L'eau est une ressource économique et, comme d'autres ressources et marchandises, elle est soumise aux lois de l'offre et de la demande. Ce raisonnement ne résout toutefois pas le problème de l'eau. C'est l'importance primordiale de l'eau qui la différencie des autres ressources : les pénuries d'eau non seulement freinent la croissance économique d'une région, mais maintiennent ses habitants dans le dénuement et dans un besoin urgent de satisfaire les besoins humains fondamentaux. Comment pourrait-il y avoir la paix et un progrès réels dans un monde où des millions et des millions de personnes sont incapables de satisfaire les besoins les plus élémentaires de la vie et de la subsistance ?

Par exemple, il est rapporté en 1957 que plus de 21 000 villages en France n'ont pas l'eau courante.[357] Une lettre récente décrit le plateau central d'Anatolie, en Turquie, qui compte 40 000 villages : « [...] près de la moitié d'entre eux ne sont pas encore approvisionnés en eau potable ou en eau d'irrigation ».[358]

Chez nous, par exemple, la réserve autochtone du Colorado, près de Parker, en Arizona, a été entravée par des pénuries d'eau. Les plans, dont l'objectif ultime est de rendre ses habitants indépendants et autonomes, avec un niveau de vie bien plus élevé que celui dont ils jouissent aujourd'hui, doivent d'abord surmonter l'obstacle du besoin en eau. La Californie et l'Arizona refusent cependant qu'ils aient

---

357. *New York Times story*, 14 avril 1957, p. 72 :5.
358. Lettre du Bureau du Conseiller commercial, Ambassade de Turquie, datée du 5 novembre 1958, adressée au Dr Charles H. Tilden, Vice-Président, Resources Foundation of America.

droit à plus d'eau du fleuve Colorado que celle qui est actuellement utilisée pour irriguer les quelque 37 000 acres cultivés. On estime que 100 000 acres supplémentaires pourraient être irrigués si l'on disposait de l'eau nécessaire.[359]

Un accident survenu à Kodiak, en Alaska, illustre bien ce qui nous attend lorsque les réserves d'eau s'épuisent. Le maire de la ville dut déclarer l'état d'urgence. « Les habitants ont fait bouillir de l'eau contaminée et les industries ont fermé aujourd'hui pendant qu'un ingénieur recherchait l'élément vital de la communauté, l'approvisionnement en eau. » Que s'était-il passé pour vider leur réservoir d'eau de 61 millions de gallons[360] la veille de Noël ? Ils ne le savaient pas, mais pensèrent qu'une fissure causée par un tremblement de terre avait drainé l'eau et laissé un trou boueux dans le sol du réservoir vide.

En 1958, le Census Bureau revoit à la hausse son estimation de la population nationale pour 1975 de dix à quinze millions de personnes ; ainsi, les nouvelles estimations publiées le 9 novembre 1958 situent le total pour 1975 entre 215 800 000 et 243 900 000, en fonction des tendances futures des naissances, des décès et de l'immigration. Lors d'un symposium tenu à Oklahoma City en juin 1957, Vannever Bush met en garde contre la menace d'une pénurie d'eau et exhorte les groupes scientifiques à trouver des moyens d'assurer un approvisionnement adéquat. L'eau nouvelle est l'une des réponses, et elle est disponible, dans des limites raisonnables, partout où il y a des roches ignées.

Le contrôle total de l'eau et de sa distribution par l'État peut sembler aller dans le sens de l'intérêt public, mais comment peut-on s'assurer qu'un tel contrôle ne sera pas utilisé uniquement pour garantir un contrôle continu et total et pour empêcher l'utilisation d'autres solutions possibles ? Par exemple, le bulletin de l'État de Californie, *Water Facts for Californians*, indique que la satisfaction des besoins en eau de l'État « nécessite le contrôle et la conservation des ressources en eau de l'État au moment et à l'endroit où elles se trouvent, et la distribution de l'eau conservée dans les zones où elle est nécessaire au moment où elle est nécessaire ». Cependant, qui détermine les

---

359. *Los Angeles Times Story*, 14 septembre 1958, part 1A, p. 6.
360. Soit environ 231 000 m^3.

besoins et les mesures de confiscation qui s'ensuivent ? Comment peut-on confier à des gens qui ont fait preuve de fermeture d'esprit un contrôle aussi important sur la vie et la mort ? Un communiqué de l'UPI, daté de du 9 janvier 1960 à Tokyo, indique que l'Organisation des Nations Unies va bientôt faire des recommandations aux pays membres pour limiter le pompage excessif des eaux souterraines. Pourtant, ont-ils conscience de l'existence de l'eau primaire et de ce que cela signifierait pour le monde ?

Il est temps que la nouvelle eau soit examinée de manière impartiale et objective. Les démonstrations de Nordenskiold ont été ignorées. Pourtant, nous avons aujourd'hui besoin du même type de travail que celui qu'il a réalisé. L'île d'Anacapa, l'une des îles du canal au large de la côte californienne, possède un phare important sur son rivage rocheux. Le magazine *Friends* écrit : « Les falaises sont si abruptes que les bateaux transportant le personnel des gardes-côtes et des provisions (l'île n'a pas d'eau) doivent être hissés par une grue depuis la mer jusqu'aux plates-formes construites sur les rochers. Par gros temps, le débarquement est impossible. »[361]

L'été 1959, exceptionnellement sec, voit le rationnement de l'eau à la base aérienne de Hahn, dans la région de la Moselle en Allemagne. Nos ingénieurs militaires découvrent, à une distance d'environ 2,7 km de la base, une ancienne mine, dont les galeries sont remplies d'environ 10 000 000 litres d'eau et dont le niveau d'eau dans le puits n'est qu'à 25 m sous terre. Le projet d'urgence consiste à extraire l'eau de la mine et à la pomper jusqu'à la base.[362] Cependant, personne ne semble se demander comment toute cette eau a pu pénétrer dans la mine au cours d'un été exceptionnellement sec.

De nombreuses agences fédérales aux États-Unis ont des intérêts variés dans le domaine de l'eau ; par exemple : la réduction des dommages causés par les inondations ; l'amélioration de la navigation ; l'irrigation ; le drainage ; l'approvisionnement en eau ; le contrôle de la pollution ; les loisirs ; les poissons et la faune ; la conservation ; la production d'énergie ; la transmission et la distribution d'énergie, et le traitement des bassins versants. Il faut s'y attendre. Pourtant, en ce

---

361. *America's Unknown Islands*, légende d'une photographie, *Friends Magazine*, juin 1959, p. 8.
362. *Emergency Water System for Hahn Air Force Base*, Jr. Ambrose et Capt. Homer, Corps des Ingénieurs, *The Military Engineer*, 52, janvier-février 1960, p. 25.

qui concerne l'approvisionnement en eau, la myriade d'agences qui exercent des activités dans ce domaine ne peut qu'annoncer un désastre. Il n'existe pas de politique ou de programme clair permettant d'assurer à la population des États-Unis une solution économique à nos problèmes d'approvisionnement en eau. Les agences fédérales suivantes sont actives dans le domaine de l'approvisionnement en eau : Corps of Engineers, Bureau of Reclamation, Bureau of Indian Affairs, Bureau of Land Management, Geological Survey, Forest Service, Soil Conservation Service, Farmers Home Administration, Weather Bureau, Public Health Service, Tennessee Valley Authority, International Boundary and Water Commission, États-Unis et Mexique, et International Joint Commission, États-Unis et Canada.[363] Ces organismes s'ajoutent, bien sûr, aux États, aux villes et aux districts hydrographiques.

Il est tout à fait possible que l'ensemble du travail d'un scientifique ait été ignoré parce qu'un seul aspect de son travail a été jugé inacceptable. Si les différentes parties sont si mutuellement liées et dépendantes les unes des autres, alors il est certain que toutes doivent soit tenir, soit tomber ensemble. Cependant, il arrive souvent que les parties soient totalement indépendantes et, dans ces circonstances, il est absurde qu'elles tombent ensemble. Par exemple, le raisonnement de Nordenskiold selon lequel les fissures existent en raison de variations de température faibles mais périodiques ne semble pas avoir été accepté, car il n'apparaît dans aucun des volumes actuels sur la géologie structurale. Pourtant, ce raisonnement est certainement indépendant de sa capacité à trouver de l'eau douce dans les fissures rocheuses. Il semble que les scientifiques devraient adopter ce que les juristes constitutionnels ont appris à utiliser en cas d'invalidité partielle, à savoir : « Si une section ou une théorie est déclarée invalide, cela n'affectera pas la validité des autres sections ou théories de la loi. »

En tant qu'enquêteur patient, il est évident que tous les faits ne sont pas connus et qu'ils ne le seront jamais. Lorsque l'on parcourt une spirale pour se rapprocher de plus en plus d'objectifs spécifiques, l'on constate constamment que de nouvelles portes s'ouvrent, avec

363. *Task Force Report on Water Resources and Power*, Vol. III, Commission on Organization of the Executive Branch of the Government, U. S. Government Printing Office, juin 1955.

de nouveaux chemins en spirale qui, à leur tour, développent encore de nouvelles voies à suivre. Au fur et à mesure que nous acquérons de nouvelles connaissances, certaines de nos anciennes croyances sont balayées, comme en témoigne le nombre de prix Nobel décernés pour de nouvelles théories qui ont bouleversé les plus anciennes.

Le lecteur se souviendra de notre discussion précédente sur les tentatives de faire entrer des événements irréguliers dans le cadre de la théorie acceptée. Dans la ville de Medicine Hat, au Canada, l'on a découvert que des eaux souterraines, dont on estime qu'elles peuvent facilement produire 37 000 m^3 par jour, suivaient approximativement le même cours que la rivière Saskatchewan Sud. La rivière Saskatchewan Sud et d'autres sources d'eau souterraine de la région contiennent en moyenne 1 500 à 2 000 parties chimiques par million de parties d'eau. Ce qui est étonnant, c'est que malgré le fait que la nouvelle source d'eau souterraine soit d'un degré de pureté extrêmement élevé, seulement 200 parties chimiques par million de parties d'eau, ils attribuent comme source d'alimentation permanente la rivière Saskatchewan Sud avec ses 1 500 à 2 000 parties par million.[364] Si cela n'était que vaguement possible, nos rêves d'un système économique de conversion de l'eau de mer auraient été exaucés.

L'un de nos plus grands chercheurs en sciences de la terre, Wilhelm Eitel, exprime comme suit son expérience de la tendance croissante à la spécialisation :

> L'étudiant apprendra ainsi que, bien que la spécialisation dans le progrès de la recherche soit une bonne chose, une connaissance plus large de nombreuses disciplines s'avérera non seulement meilleure, mais même indispensable à l'accomplissement de la science. Les efforts communs des chimistes, des physiciens, des métallurgistes, des minéralogistes et des cristallographes dans l'étude des conversions structurelles constituent l'une des meilleures illustrations de cette expérience.[365]

Rappelons la déclaration de Geikie :

---

364. *The Financial Post*, Toronto, Canada, 17 octobre 1959.
365. *Structural Conversions in Crystalline Systems and Their Importance for Geological Problems*, Wilhelm Eitel, Special Paper 66, Geol. Soc. of Amer., 10 octobre 1958, préface.

Depuis le début de sa carrière, la géologie n'a pas dû ses fondements et ses progrès à une classe d'experts sélectionnés et privilégiés. Elle a été ouverte à tous ceux qui voulaient se soumettre à l'épreuve qu'exigeait son succès. Et ce qu'elle a été dans le passé, elle le reste aujourd'hui. Aucune branche de la connaissance naturelle n'est plus ouverte à l'étudiant qui, aimant le visage frais de la nature, est prêt à exercer sa faculté d'observation sur le terrain et à discipliner son esprit par la corrélation patiente des faits et la dissection intrépide des théories.[366]

Avec une bonne gestion, cette terre peut abondamment fournir à ses habitants tout ce dont ils ont besoin. Pourtant, ce n'est pas la voie que nous empruntons ; pour changer de cap, il faut une éducation et une compréhension sérieuses. « L'histoire est, comme le dit H. G. Wells, une course entre l'éducation et la catastrophe. » Quel est votre choix ?

Message final

Aujourd'hui, nous disposons de technologies pour localiser les sources souterraines d'eau, et il existe une multitude de documents décrivant la science de cette géohydrologie. Le flambeau de l'eau primaire brûle encore. Nous sommes quelques dizaines à travers le monde à nous mettre au service de ceux qui veulent la trouver, mus par la conviction qu'en étant au service de l'eau, nous sommes au service de la Vie.

Marie Aichagui
www.eauprimaire.com

---

366. *The Founders of Geology*, Sir Archibald Geikie, The Macmillan Company, 1897, p. 285.